无人机图像去云技术

李从利　沈延安　韦　哲　刘永峰　著

国防工业出版社

·北京·

内 容 简 介

本书结合具体工程应用,系统阐述了无人机图像云去除及去除效果评价相关的技术和方法,重点突出了厚云去除部分的介绍。全书共7章,包含了绪论、无人机含云图像去除涉及的基础知识以及无人机图像的云区检测、云浓度分级、薄云雾去除、厚云去除和去除效果评价等内容。

本书内容是作者及团队多年的研究成果,涉及的相关技术模型和算法都经过代码测试和实验对比验证,实用性较强。本书可作为高等院校无人机运用工程专业的本科生参考教材,也可以作为从事无人机图像分析、无人机应用技术等相关研究人员的参考资料。

图书在版编目(CIP)数据

无人机图像去云技术/李从利等著 .—北京:国防工业出版社,2020.12
ISBN 978-7-118-12228-2

Ⅰ. ①无… Ⅱ. ①李… Ⅲ. ①无人驾驶飞机–图像处理
Ⅳ. ①V279

中国版本图书馆 CIP 数据核字(2020)第 225069 号

※

*国防工业出版社*出版发行

(北京市海淀区紫竹院南路 23 号 邮政编码 100048)
天津嘉恒印务有限公司印刷
新华书店经售

*

开本 710×1000 1/16 插页 2 印张 10¼ 字数 137 千字
2020 年 12 月第 1 版第 1 次印刷 印数 1—1500 册 定价 70.00 元

(本书如有印装错误,我社负责调换)

国防书店:(010)88540777　　书店传真:(010)88540776
发行业务:(010)88540717　　发行传真:(010)88540762

前　　言

　　无人机等航拍设备拍摄时易受云雾天气的影响,云雾噪声的存在严重干扰了航拍图像的后续处理。为研究方便,一般情况下可将云雾分为薄云、厚云两类,学者们经常将雾归为薄云加以处理且取得了较好效果,厚云的出现会导致遮挡部分的信息不可逆损失,造成图像质量降低,地物信息不连续,目标区域不完整,给后续的语义分割、目标检测与识别带来不可预知的影响。采取合适的云雾去除算法能有效地增强无人机等航拍图像的清晰度和利用率,具有十分重要的理论意义和应用价值。

　　目前对于厚云的研究主要集中在卫星遥感领域,其目的是增加遥感图像信息的可用性,该领域每年在顶级会议和期刊上均有论文发表,已形成不少研究成果。去厚云可理解为云区像素的"填充生成",常用方法可归为多光谱法、多时相法和图像修复法三类。多光谱法利用各光谱的相关性,假设在图像局部某些光谱像素值具有确定的函数关系。多时相法利用不同时间同一地区的图像进行云区图像块的拼接和预测。图像修复法假设云覆盖区域与其他像素具有像素值和纹理的一致性,利用空间信息对缺失像素进行插值。无人机图像云去除与遥感图像云去除具有相似性,同时也具有自身的特点,如无人机载荷和存储的限制,很难携带类似卫星的多光谱成像装置,成像高度不同且航迹不固定。

　　本书研究的无人机图像拍摄于 2000m 以上高空,不同于卫星遥感图像和民用无人机图像,已有的遥感图像去云的相关工作为本书的研究提供了很好的参考和借鉴,但直接作用于无人机图像去云存在一定障碍:一是在无人机飞行高度和分辨率水平上,不同图像呈现多种地物多种分布,现有方法对此还缺少研究;二是现有图像修复方法大多是针对单幅图像,没有充分利用图像间的信息;三是对于大云区遮挡、多分布、多类型地物的无人机图像,修复结果往往会出现纹理断裂、预测失误、轮廓模糊,造成伪迹伪影的情况。

另外,图像去云属于不适定问题,去云后填充的像素值可能存在多种解,解空间的不同选择产生的效果也各有差异,一般来说云去除恢复的准确度随着云遮盖区域面积的增加而下降,如何对恢复的准确度进行客观评价也是一个重要问题。目前针对无人机含云图像的去除问题研究刚刚起步,因此本书的内容具有一定的新颖性。

全书分为7章:第1章介绍研究背景并综述分析国内外图像去云雾技术的研究现状,给出本书的研究内容和章节安排;第2章介绍无人机图像云雾去除相关的基础知识,包括了大气中云雾的成像机理和图像特征,简要描述薄云雾和厚云环境下的图像退化模型,最后给出后续使用的深度学习和图像质量评价相关知识;第3章介绍一种基于阈值递归选取和引导滤波的航拍图像云检测算法;第4章尝试分析从图像质量角度出发给出的云等级划分,为后续的云去除提供自动化选择手段;第5章针对无人机图像中的薄云提出一种改进的暗通道快速去除方法;第6章设计了一种基于深度卷积对抗生成网络的图像修复去厚云技术及方法;第7章针对厚云去除以后的效果评价问题进行了探讨。

本书利用当前深度学习理论针对无人机图像云去除问题进行研究,既有明确的工程应用背景,也是新技术的拓展尝试;撰写过程中,已毕业研究生张思雨、薛松两位同志也做了相关内容构建的工作。

借此机会对审阅本书的专家表示诚挚的感谢,他们提出的意见对本书的成稿帮助极大。由于作者水平有限,加上可供借鉴的无人机图像云去除资料较少,故书中难免会出现不妥或错误之处,恳请读者进行批评和指教。

本书出版得到了国防工业出版社的大力支持,获军队重点课题(LJ2019A020098)的出版资助。

著 者

目　　录

第1章
绪论

1.1 研究背景及意义

随着无人机航拍技术的飞速发展,其应用领域不断拓宽,人们除了关注拍摄的成像质量外,还对其拍摄图像的后处理进行了深入的研究,这其中非常突出的一个问题就是图像的云雾干扰去除。

除了无人机外,航拍所用的平台还包括航空模型、飞机、直升机、热气球、小型飞船、火箭、降落伞等,航拍的摄像机可以由摄影师控制,也可以自动拍摄或远程控制[1]。1858 年法国摄影师纳达尔在热气球上拍摄的巴黎市的鸟瞰照片是世界上最早的航拍照片;中国本土最早的航拍是 1900 年八国联军来到北京,法国远征军的上尉为了见证这个事件,命令侦查部队的热气球在北京、天津两地进行拍摄,留下了中国历史上已知最早的航拍图像。随着大数据技术的发展和数字地球的时代到来,航拍图像已广泛应用在目标识别、地理测绘、地质灾害防治和军事侦察等领域[2-3]。

1

　　根据国际卫星云气候项目流量数据(International Satellite Cloud Climatology Project - Flux Data, ISCCP - FD)显示,地球表面的年平均云量约为66%。云层遮挡降低了航拍图像的利用率,而且目前无人机等航拍设备获得的图像主要是光学影像,光学图像的质量极易受到云雾等不良气候的影响。根据云的光学厚度 τ_c,航拍图像上的云可以分为厚云($\tau_c > 5$)和薄云($\tau_c < 5$)[4]。当天气状况为薄云雾时(在去云研究时,人们通常将雾和薄云作为一类进行处理),会降低图像的清晰度和对比度,从而模糊地物信息、降低影像质量;厚云则会对云区下面的地物信息造成直接遮挡,形成视觉上的"盲区",严重影响了航拍图像的利用率和解译精度,给后期的图像处理工作带来了麻烦。在此情况下,如何从航拍图像中去除云雾的干扰,成为国内外学者关注的问题。

　　一般可将图像云去除(cloud removal)视为图像复原(image restoration)的子问题,需要利用图像信息的相关性,对云污染区域进行回归,得到与真实像素在色彩、语义和人眼视觉上满足最大似然估计的复原结果[5]。一般情况下,难以获得同一时刻同一成像约束下的无云清晰参考图像,因此人们研究的焦点集中在盲去除或盲复原上,同样也带来"需要解释云遮挡后面发生的一切"的开放问题。与卫星、飞机、飞艇、气球等空基成像平台一样,无人机图像也是光谱、时间和空间等因素关联函数下的约束生成,但其飞行高度受限、航迹随机、成像光谱单一以及航时短。

　　通常人们按云的底部距离地面的高度不同可把云分为低云(云底高度一般在2000m以下)、中云(云底高度通常在2000~6000m)、高云(云底高度通常在6000m以上)三种[6]。本书研究的无人机含云图像拍摄于2000m以上高空,成像模式为下视可见光成像,成像时会受到低云和中云的影响;民用无人机飞行高度通常低于1000m,考虑到飞行管控限制,一般都在500m以下飞行拍摄,基本上拍摄不到云的存在(理论上可以拍摄到低云的部分层云),在有雾情况下可以拍摄到雾霭;如果在高原或山区,民用无人机也有可能拍摄到部分层云或团云,但其离拍摄地面真实高度较低,图像中的景物细节和分布特性也不同于本书的研究场景,同样卫星遥感图像由于成像高度高、运行轨道固定、多时相多光谱等显著特点,拍摄的含云图像也迥异于本书无人机拍摄图像。在此研究背景下,由于较厚云层的干扰会使无人机无法拍摄到被遮挡区域的信息,给大视场图像拼接与后处理造成严重影响。因此如何利用已有的信息最大程度地恢复被云污染的图像区域信息,并使之符合图像语义统计特性和人眼视觉感知,具有重要的理论研究意义和广泛的应用价值。

1.2　图像云雾去除技术现状

1.2.1　图像去薄云雾方法研究现状

国外学者开展图像的薄云雾去除问题相对较早,20 世纪 70 年代就有研究成果公开发表。由于白天雾和薄云具有较好的反射特性,而厚云遮挡对地物信息的损失是无法靠自身来补救的,只能通过其他辅助数据来进行信息补偿,因此对于云雾去除的研究大多集中在对薄云及雾的去除上。薄云雾的去除方法可以分为以下几类。

1. 单幅图像去云雾方法

因为缺乏辅助信息和先验条件,单幅图像去云雾方法的难度最高,在此情况下,只能利用图像本身的信息进行增强或重建实现去云雾。目前,较为成熟的方法主要有同态滤波[7]、Retinex 法[8]和小波变换[9]。

同态滤波法将频率过滤和灰度变换两者相结合,依据成像设备在获取影像时的照明反射原理,将图像变换到频率域,再利用滤波法处理来调整图像的灰度值范围,降低照明不均的影响,从而锐化图像的边缘和细节特征,以达到增强图像细节的效果[10]。这种方法运算相对简便,不需要无云数据做参考数据,直接对含云图像进行处理,特别适合处理大面积薄云的情况,或低频部分主要是云分量的情况。然而同态滤波对所选中的整个区域进行处理时,不仅处理了含云的区域,同时也影响非云区域,其灰度信息受到损失,特别是边界区域受到很大的影响。

Retinex 是由视网膜(retina)和大脑皮层(cortex)两个词组合而成,早在1964 年,Land 从人眼对颜色的感知特性出发,提出基于颜色恒常性的Retinex 理论。依据照度-反射模型,一幅图像可表示为反射分量和照度分量乘积的形式,其中,反射分量取决于物体表面的反射特性,而照度分量取决于环境光照特性。基于 Retinex 理论的计算模型的目的是从图像中去除场景照度分量的影响,获得实际反射分量。云雾天气下,大气散射粒子对图像的影响可以近似等效为照明反射模型中照射分量 $i(x)$ 的变化,而景物的原貌则是反射分量 $r(x)$。因此,Retinex 图像增强算法可用于把有雾图像中的照射分量 $i(x)$ 和反射分量 $r(x)$ 分离,消除照射分量对图像的影响,复原景物的原貌。

小波变换去云雾的基本思想与同态滤波有相似之处,对云雾图像进行小波变换,得到图像不同的频率特征,可以对非低频的子块进行增强处理,增强图像的细节信息,达到清晰化图像的目的。Du Y 等[11]将小波变换引入到遥感图像薄云去除工作中,取得了较好的结果;朱锡芳[12]和阎庆等[13]进一步分析了云雾与景物在小波系数中的关系,有效减少了薄云雾。然而小波变换自身具有振荡、频谱混叠和有限的方向选择性等缺陷,而双数复小波在保持了小波变换优点的同时,还具有完全重构的特性。近年来,双数复小波的综合应用在薄云雾去除方面取得了很多进展[14-16],能获得较好的处理效果,具有较强的自适应性。小波分析优势在于局部分析细化,在空域和频域都具有良好的局部特性,有利于分析和突出图像的细节,增强对比度。但目前还没有确切的理论依据来选择合适的小波基和分解层数,需要不断试验来确定,导致图像处理的效率不高。

近年来,得益于越来越多的先验知识被发现和应用,单幅图像去云雾方法取得了很大发展。Tan[17]将"清晰图像比云雾图像对比度高"作为切入点,通过扩大云雾图像的局部对比度进行去雾,该方法能够最大限度地恢复出图像的细节信息,但同时由于没有从物理模型上恢复出真实场景的反照率,使得恢复后的颜色显得过饱和,且在景深不连续的地方产生严重的 Halo 效应[18]。Fattal[19]基于独立成分分析的方法,通过假设透过率和表面投影在局部是不相关的,估算出景物的反射率,来推断场景光在空气中传播时的透过率,再使用马尔可夫随机场模型来推断整幅图像的颜色,由于该方法是基于局部区域的独立成分假设,导致在独立成分变化不显著的浓雾区域统计结果不可靠。Tarel 等[20]提出了一种快速图像去云雾算法。假设大气耗散函数在一定区域中逼近最大值,而且局部变化平缓,并利用中值滤波的方法估计大气耗散函数,同样取得了一定的去雾效果。但是有时会导致结果中出现 Halo 效应。另外,该算法参数较多,不易调整。He 等[21]通过对户外无雾图像的统计实验,提出了暗原色先验规律,并利用该先验规律实现了单幅图像去雾处理,取得绝佳的效果。同时作为附加产品,得到了场景的深度图,可用于三维重建等领域。这是目前最实用、有效的单幅图像去云雾方法之一,后来很多学者对 He 方法进行了改进和补充[22-24]。2013 年,Kim[25]提出优先对比度去雾算法,在天空区域效果优于 He 方法,还可以用于视频去雾。2015 年,Zhu[26]提出颜色衰减先验去雾算法,根据颜色衰减先验,亮度和饱和度的差值被应用于估计雾霾的浓度。2016 年,蔡博伦[27]提出 DehazeNet,利用深度学习去智能地学习雾霾特征,解决手工特征设计的难点和痛点。

2. 多光谱图像去云雾方法

目前,大多数去除云的方法都基于多光谱图像[28-29]。多光谱图像去云的原理主要是利用多光谱图像中的某些波段对云的较强的敏感性来提取云的信息,然后从原图像中减去薄云的信息来达到增强目标影像的目的。方法之一是在遥感平台上采用一种仅对云较敏感的传感器,专门用来探测云的信息,然后从普通传感器获得的原始图像上减去云图,得到去除云后的图像;另一种方法是不在遥感平台上添加专门的传感器,而是利用多光谱图像中的某些波段对云较强的敏感性来提取云信息,实际上这种方法与前者在机理上是一致的。这种方法的去云效果较好,可以高效地消除数字图像的云覆盖噪声而不增加任何其他副作用。但是,它要求的前提很高,需要有冗余的波段来去除薄云,在很多应用场合受到限制。

3. 图像融合去云雾方法

利用多源多时相遥感图像之间的互补信息恢复地物信息是当前的研究热点[30-32]。Gabarda 等[33]利用一维伪韦格纳分布(PWD)以及云的参数化模型,将多时相的图像进行像素级融合,该方法能够有效提高运算速度,但是此方法会降低图像的空间分辨率,破坏图像的光谱特征;Shi 等[34]提出通过 Pan-sharpening MASK 匀光算法和平移不变 shearlet 变换(NSST)去除薄云,根据同一位置的低分辨率多光谱影像进行高斯低通滤波后的含云背景图像建立加权矩阵对细节进行增强,使用自适应主成分分析(APCA)提取合适的成分,对高分辨率全色影像进行 NSST 分解并对低频系数填补,该方法能有效保持光谱信息和空间分辨率,但是,该方法不能自动识别图像薄云覆盖的区域。多源多时相遥感图像融合方法是使用无云覆盖图像融合含云覆盖图像,来恢复云覆盖下的地物信息,但需要至少一幅图像在该地区没含云覆盖,且需要解决不同传感器之间图像配准问题和辐射差异问题,导致该方法难以运用。

1.2.2 图像去厚云方法研究现状

目前,针对航拍图像厚云的去除方法可分为多光谱法、多时相法以及基于图像修复法三类。

多光谱法[35-37]多用于卫星图像。由于云的光学特性,使得其对可见光和其他波段光谱产生不同程度的影响。因此,可利用不同光谱间的相关性对可见光含云区域进行估计,找出光谱间的函数关系。但选择的光谱不同,处理方法也各不相同,人们在不同成像平台,利用不同源图像实现了云去除,如红外图像与可见光图像去云[35],或合成孔径雷达(Synthetic Aperture Radar,SAR)图像与可见光图像去云[36],以及对高光谱图像进行回归估计[37]等。但多光谱法对传感器和配准算法要求很高,且对于云层较厚的情况难以处理。

多时相法[38-42]是利用不同时间段对同一地区的成像结果,对云区进行信息补全。假设在时段集合内目标地物没有发生显著变化,且每个区域至少有一幅图像是不含云的,利用图像块匹配或直方图匹配等算法,从云区边界的纹理信息中找出这一区域的不含云图像块,进行填充和融合。由于卫星遥感图像一般都有多光谱数据,一些方法[41-42]将多时相和多光谱结合起来,以求在更大的搜索空间中找到含云区域的更准确表示。多时相法适合于卫星图像的精确修复,但如无人机等短航时的飞行器难以做到航线固定,因此无法应用。

基于图像修复的方法[43,44,60]是将云区看作图像缺失部分,采用图像其余部分的空间信息恢复缺失部分。该方法无须多光谱数据,因此更适合于无人机等单一光谱成像平台。图像修复是重建图像缺失或损坏的部分,使其更加完整,并恢复其一致性,一般用于恢复图像被破坏部分,以及移除前景物体[45]。图像修复需要利用图像的冗余信息,寻找待修复区域与其他区域潜在的复杂映射关系,对此人们基于各种假设提出了多种模型。如Bertalmio 等[45]基于有界变差假设,提出的偏微分方程的方法;Starck、Elad、Gao 等[46-48]基于重复性结构和纹理,提出的稀疏表示的修复方法;Criminisi、Huang 等[49-52]基于图像自相似性,提出的样本块特征匹配方法。这些方法在缺失部分不大、结构简单、具有重复纹理的图像上表现较好,但由于所采用的特征是人工设计的,没有对图像整体分布进行学习,因此修复的效果语义合理性不足。

随着深度学习理论、卷积神经网络(CNN)和生成对抗网络[53-54](GAN)的提出和发展,人们逐渐将其引入到图像修复领域。Yeh[55]在深度卷积生成对抗网络(DCGAN)的基础上提出了一种二次寻优的语义修复方法,第一步在所研究数据集上训练一个 DCGAN 模型以学习图像语义,第二步针对图像寻找最优输入编码。由于第二步是一个非凸优化,当第一步未能充分学习时,最终寻优的结果会严重失真,因此该方法在分布比较集中、易学的数据集上表现出色。为避免这个问题,人们直接用含掩膜(mask)图像作输入。Pathak[56]提出基于 DCGAN 的 context encoder 模型,用 auto-encoder 结构[57]作为 G 网络生成修复图像,用 D 网络衡量 G 的输出与真实图像的差异,将欧氏距离损失和对抗损失加权作为联合损失函数。这种直接的对抗训练简化了修复过程,G 的作用相当于回归器,而 D 相当于正则化,减弱修复图像的模糊程度。但 Pathak 的模型过于简单,不足以更好地回归图像缺失部分和其他部分的函数关系,损失函数也只关注了图像整体,因此在掩膜区域产生了伪迹[56],需要采用新的模型进行改进。

Iizuka[58]在 Pathak[56]的基础上,增加了 G 网络的层数,D 网络增加了 1 个独立的局部分支(local D),最后与 global D 进行全连接层级联,用来鉴别修复区域的真伪,提升了图像局部修复效果。Yu[59]沿用了 Iizuka[58]的全局—局部结构,提出了两阶段粗—精修复模型。该方法在一阶段粗修复后,二阶段增加了并行的注意力机制支路,利用一阶段修复结果,估计掩膜内外的相关性,因此在一些单一分布自然图像数据集上效果比较理想。上述方法改进的是图像修复技术,研究对象是地面自然场景图像,视点、场景和需要去除的遮挡物之间距离较近,如果直接用于高视点、远场景和随机云层遮挡的无人机航拍图像修复,具有局限性。

我们曾基于 Context-Encoder 模型对遥感图像厚云去除做过类似工作[60],由于遥感图像画幅较大,地物信息变化范围较小,因此在地物分类的基础上采用了 Encoder-Decoder 结构对图像的整体进行压缩和回归,并以梯度正则项控制修复的平滑性。但由于图像本身的画幅较大,并未考虑图像间信息的互补性。

无人机图像云去除与遥感图像云去除具有相似性,但由于无人机载荷和存储的限制,很难携带类似卫星的多光谱成像装置,而且由于航迹不固定,多光谱和多时相方法均无法直接应用,采用图像修复方法成了较优的选择。

1.3 研究内容及特点

1.3.1 研究的主要内容

本书结合无人机图像后期处理的现实需求,针对其中含云雾图像需要去除云(雾)的问题展开研究,主要包括以下内容:

(1) 无人机图像特征分析及云雾模型机理研究。如前所述,无人机成像平台具有自己的独特运动方式,成像高度和干扰因素随机,因此在研究去云(雾)之前需要分析其图像特征,并对云雾模型的形成机理进行研究。

(2) 无人机图像云区检测。无人机图像的云区检测不同于一般的目标检测,由于云雾物体在图像中存在着边缘羽化、纹理变多、颜色迁移以及薄厚云交织等特点,因此使得准确的云区检测变为一个逼近问题,往往难以得到最优解,合适的云区检测结果可以为后续的去除提供自动化手段。

(3) 含云图像的等级划分。依据一幅图像中含云等级情况,在去除时可采用不同策略,本书中将云去除分为薄云(雾)去除和厚云去除两类,因此依据图像云雾噪声的不同将其划分为不同等级具有非常重要的辅助作用。

(4) 无人机图像的薄云(雾)去除。在本书中由于无人机航拍高度较高,即使在晴好天气下也会存在一定的雾霭情况,因此统一将雾霭归为薄云一类,既有一定的主观视觉类似性,后续处理的实验验证也表明了设定的合理性。

(5) 无人机图像的厚云去除。无人机图像的厚云去除是研究的难点和重点,厚云遮挡了下垫面的景物信息,如何形成和补全去除后的区域信息成为关键,本书借助于深度学习相关理论,在采集大量的无人机图像样本的基础上,对此问题进行尝试和研究。

（6）无人机图像质量评价。这里讨论的不是无人机图像的一般评价问题，而是对本书研究的云去除后的效果进行的专题评价，图像质量评价是一个经典而日新的研究问题，但依据收集的资料来看，针对图像云去除后的评价值得深入探讨。

在上述研究内容的基础上，加上概述和后记一起构成了本书的内容框架。

1.3.2　本书特点

本书主要内容来自于作者及团队多年从事侦察图像智能处理、无人机系统运用技术、无人机计量测量预先研究、演示验证等工作的研究成果和相关积累，简言之，本书有以下特点：

（1）本书重点描述了无人机云雾去除问题的相关技术，从研究对象的特征分析、云雾分类、云区检测、薄厚云去除到后面的去除效果评价提供了一个相对完整的系统技术参考。

（2）研究内容紧贴无人机装备实际，工程应用背景清晰，研究具有一定的特殊性和参考价值，在无人机图像去云处理方向上，据我们所知本书是较早描述此问题的图书资料。

（3）在研究过程中，将机器学习较新的成果理论用于军事实际问题的解决，得益于飞行过程中拍摄的海量图像数据和深度学习理论的快速发展，研究的成果可供无人机图像信息处理感兴趣的读者阅读和借鉴，以期能够提供点滴帮助。

参考文献

［1］　张思雨．航拍图像云雾去除方法研究［D］．合肥：陆军炮兵防空兵学

院,2018.

[2] 王慧芳,张瑞珏,匡娇娇,等.航拍图像逐步细化的云检测方法[J].武汉大学学报(理学版),2016,62(6):525-530.

[3] 岳学军,王林惠,兰玉彬,等.基于 DCP 和 OCE 的无人机航拍图像混合去雾算法[J].农业机械学报,2016,47(s1):419-425.

[4] 胡根生,查慧敏,梁栋,等.结合分类与迁移学习的薄云覆盖遥感图像地物信息恢复[J].电子学报,2017,45(12):2855-2862.

[5] Yue Z,Yong H,Zhao Q,et al. Variational Denoising Network:Toward Blind Noise Modeling and Removal[J]. arXiv preprint arXiv:1908. 11314,2019.

[6] 冯德军,等.精确打击武器战场环境导论[M].北京:国防工业出版社,2017.

[7] Wu X,Yang W,Li G . Thin cloud removal of ZY-3 image based on improved homomorphism filtering method[C]//Geoinformatics (GEOINFORMATICS), 2013 21st International Conference on. IEEE,2013.

[8] Jiang X,Wei M. Research of New Method for Removal Thin Cloud and Fog of the Remote Sensing Images[C]//Photonics and Optoelectronic. IEEE,2010: 1-4.

[9] Rasti B,Sveinsson J R,Ulfarsson M O. Wavelet-Based Sparse Reduced-Rank Regression for Hyperspectral Image Restoration[J]. IEEE Transactions on Geoscience & Remote Sensing,2014,52(10):6688-6698.

[10] 查慧敏.基于图像变换和迁移学习的薄云覆盖遥感图像地物信息恢复算法研究[D].合肥:安徽大学,2017.

[11] Du Y,Guindon B,Cihlar J. Haze detection and removal in high resolution satellite image with wavelet analysis[J]. IEEE Transactions on Geoscience & Remote Sensing,2002,40(1):210-217.

[12] 朱锡芳,吴峰,庄燕滨.基于 Mallat 算法遥感图像去云雾处理的改进方法[J].遥感学报,2007,11(2):241-246.

[13] 阎庆,梁栋,张晶晶.单幅遥感图像去除薄云算法的改进[J].计算机应

用,2011,31(5):1227-1229.

[14] 胡根生,黎晓伊,梁栋,等. 基于对偶树复小波变换的遥感图像薄云去除[J]. 安徽大学学报(自科版),2016,40(1):50-58.

[15] 吴峰,朱锡芳,相入喜,等. 基于双树复小波变换的遥感图像去云雾系统设计[J]. 应用光学,2018(1):64-70.

[16] 胡根生,周文利,梁栋,等.融合引导滤波和迁移学习的薄云图像中地物信息恢复算法[J]. 测绘学报,2018,47(3):348-358.

[17] Tan R T. Visibility in bad weather from a single image[C]//Computer Vision and Pattern Recognition, 2008. CVPR 2008. IEEE Conference on. IEEE,2008:1-8.

[18] 禹晶,徐东彬,廖庆敏. 图像去雾技术研究进展[J]. 中国图象图形学报,2011,16(9):1561-1576.

[19] Fattal R. Single image dehazing[J]. ACM Transactions on Graphics (TOG),2008,27(3):1-9.

[20] Tarel J P,Hautière N. Fast visibility restoration from a single color or gray level image [C]//IEEE, International Conference on Computer Vision. IEEE,2010:2201-2208.

[21] He K,Sun J,Tang X. Single Image Haze Removal Using Dark Channel Prior [J]. IEEE Transactions on Pattern Analysis & Machine Intelligence,2011, 33(12):2341-2353.

[22] 陈书贞,任占广,练秋生. 基于改进暗通道和导向滤波的单幅图像去雾算法[J]. 自动化学报,2016,42(3):455-465.

[23] 肖进胜,高威,邹白昱,等. 基于天空约束暗通道先验的图像去雾[J]. 电子学报,2017,45(2):346-352.

[24] 杨红,崔艳. 基于开运算暗通道和优化边界约束的图像去雾算法[J]. 光子学报,2018,47(06):244-250.

[25] Kim J H, Jang W D, Sim J Y, et al. Optimized contrast enhancement for real-time image and video dehazing[J]. Journal of Visual Communication &

Image Representation,2013,24(3):410-425.

[26] Zhu Q,Mai J,Shao L. A Fast Single Image Haze Removal Algorithm Using Color Attenuation Prior[J]. IEEE Transactions on Image Processing,2015, 24(11):3522-3533.

[27] Cai B,Xu X,Jia K,et al. DehazeNet: An End-to-End System for Single Image Haze Removal[J]. IEEE Transactions on Image Processing,2016,25 (11):5187-5198.

[28] Lorenzi L,Melgani F,Mercier G. Missing-Area Reconstruction in Multispectral Images Under a Compressive Sensing Perspective[J]. IEEE Transactions on Geoscience & Remote Sensing,2013,51(7):3998-4008.

[29] Makarau A, Richter R, Schläpfer D, et al. Combined Haze and Cirrus Removal for Multispectral Imagery[J]. IEEE Geoscience & Remote Sensing Letters,2016,13(3):379-383.

[30] Luo B,Khan M M,Bienvenu T,et al. Decision-Based Fusion for Pansharpening of Remote Sensing Images[J]. IEEE Geoscience & Remote Sensing Letters,2013,10(1):19-23.

[31] Chien C L,Tsai W H. Image Fusion With No Gamut Problem by Improved Nonlinear IHS Transforms for Remote Sensing[J]. IEEE Transactions on Geoscience & Remote Sensing,2013,52(1):651-663.

[32] Zhang C,Li Z,Cheng Q,et al. Cloud Removal by Fusing Multi-Source and Multi-Temporal Images[C]//IEEE International Geoscience and Remote Sensing Symposium. IEEE,2017:8127522.

[33] Gabarda S,Cristóbal G. Cloud covering denoising through image fusion[J]. Image & Vision Computing,2007,25(5):523-530.

[34] Shi C,Liu F,Li L L,et al. Pan-sharpening algorithm to remove thin cloud via mask dodging and nonsampled shift-invariant shearlet transform[J]. Journal of Applied Remote Sensing,2014,8(1): 083658.

[35] Wang Z,Jin J,Liang J,et al. A new cloud removal algorithm for multi-spec-

tral images[J]. Proceedings of SPIE – The International Society for Optical Engineering,2005,6043:60430W–60430W–11.

[36] Huang B,Li Y,Han X,et al. Cloud Removal From Optical Satellite Imagery With SAR Imagery Using Sparse Representation[J]. IEEE Geoscience & Remote Sensing Letters,2017,12(5):1046–1050.

[37] Zhang C,Li W,Travis D J. Restoration of clouded pixels in multispectral remotely sensed imagery with cokriging[J]. International Journal of Remote Sensing,2009,30(9):2173–2195.

[38] Jiao Q,Luo W,Liu X,et al. Information reconstruction in the cloud removing area based on multi-temporal CHRIS images-art. no. 679029[C]//Remote Sensing and Gis Data Processing and Applications; and Innovative Multispectral Technology and Applications,Pts 1 and 2,2007:79029–79029.

[39] Tseng D C,Tseng H T,Chien C L. Automatic cloud removal from multi-temporal SPOT images[J]. Applied Mathematics and Computation,2008,205 (2):584–600.

[40] Lin C H,Tsai P H,Lai K H,et al. Cloud Removal From Multitemporal Satellite Images Using Information Cloning[J]. IEEE Transactions on Geoscience and Remote Sensing,2013,51(1):232–241.

[41] Melgani F. Contextual reconstruction of cloud–contaminated multitemporal multispectral images[J]. IEEE Transactions on Geoscience and Remote Sensing,2006,44(2):442–455.

[42] Shen H,Wu J,Cheng Q,et al. A Spatiotemporal Fusion Based Cloud Removal Method for Remote Sensing Images With Land Cover Changes[J]. IEEE Journal of Selected Topics in Applied Earth Observations and Remote Sensing,2019:1–13.

[43] Siravenha A C,Sousa D,Bispo A,et al. Evaluating inpainting methods to the satellite images clouds and shadows removing[C]//International Conference on Signal Processing,Image Processing,and Pattern Recognition. Springer,

Berlin, Heidelberg, 2011: 56-65.

[44] Lorenzi L, Melgani F, Mercier G. Inpainting Strategies for Reconstruction of Missing Data in VHR Images[J]. IEEE Geoscience & Remote Sensing Letters, 2011, 8(5): 914-918.

[45] Bertalmio M, Sapiro G, Caselles V, et al. Image inpainting[C]//Proceedings of the 27th annual conference on Computer graphics and interactive techniques. ACM Press/Addison-Wesley Publishing Co., 2000: 417-424.

[46] Starck J L, Elad M, Donoho D L. Image decomposition via the combination of sparse representations and a variational approach[J]. IEEE transactions on image processing, 2005, 14(10): 1570-1582.

[47] Mairal J, Elad M, Sapiro G. Sparse representation for color image restoration [J]. IEEE Transactions on image processing, 2007, 17(1): 53-69.

[48] 高成英, 徐仙儿, 罗燕媚, 等. 基于稀疏表示的物体图像修复. 计算机学报, 2019, 42(9): 1953-1965.

[49] Criminisi A, Pérez P, Toyama K. Region filling and object removal by exemplar-based image inpainting[J]. IEEE Transactions on image processing, 2004, 13(9): 1200-1212.

[50] Huang J B, Kang S B, Ahuja N, et al. Image completion using planar structure guidance[J]. ACM Transactions on Graphics, 2014, 33(4): 1-10.

[51] Qiang Z, He L, Xu D. Exemplar-based pixel by pixel inpainting based on patch shift[C]//CCF Chinese Conference on Computer Vision. Springer, Singapore, 2017: 370-382.

[52] Darabi S, Shechtman E, Barnes C, et al. Image Melding: Combining Inconsistent Images using Patch-based Synthesis[J]. ACM Transactions on Graphics, 2012, 31(4): 1-10.

[53] Goodfellow I, Pouget-Abadie J, Mirza M, et al. Generative adversarial nets [C]//Advances in neural information processing systems, 2014: 2672-2680.

[54] Radford A, Metz L, Chintala S. Unsupervised representation learning with deep convolutional generative adversarial networks [J]. arXiv preprint arXiv:1511.06434,2015.

[55] Yeh R A, Chen C, Yian Lim T, et al. Semantic image inpainting with deep generative models[C]//Proceedings of the IEEE Conference on Computer Vision and Pattern Recognition,2017: 5485-5493.

[56] Pathak D, Krahenbuhl P, Donahue J, et al. Context encoders: Feature learning by inpainting [C]//Proceedings of the IEEE conference on computer vision and pattern recognition,2016: 2536-2544.

[57] Masci J, Meier U, Cireşan D, et al. Stacked convolutional auto-encoders for hierarchical feature extraction [C]//International Conference on Artificial Neural Networks. Springer, Berlin, Heidelberg,2011: 52-59.

[58] Iizuka S, Simo-Serra E, Ishikawa H. Globally and locally consistent image completion[J]. ACM Transactions on Graphics (ToG),2017,36(4): 107.

[59] Yu J, Lin Z, Yang J, et al. Generative image inpainting with contextual attention[C]//Proceedings of the IEEE Conference on Computer Vision and Pattern Recognition,2018: 5505-5514.

[60] 李从利,张思雨,韦哲,等. 基于深度卷积生成对抗网络的航拍图像去厚云方法[J]. 兵工学报,2019,40(7):1434-1442.

第2章
无人机图像云雾去除的相关理论

无人机图像云雾去除研究涉及无人机航拍成像、图像处理、大气模型、机器学习等较多学科理论,本章尝试对云雾的产生原因、特征及退化模型进行初步分析,同时对后续使用到的机器学习、质量评价等相关知识加以概述。

2.1 大气中云雾的形成机理

从大气物理学来看,云、雾、霾都属于自然产生的气溶胶。气溶胶是悬浮在气体介质中的固态或液态颗粒所组成的气态分散系统,这些固态或液态颗粒的密度与气体介质的密度可以相差微小,也可以相差很大,颗粒的大小一般从 $0.001 \sim 100 \mu m$。颗粒的形状多种多样,可以是近乎球形,如液态雾珠,也可以是片状、针状及其他不规则形状,气溶胶在大气光学、大气辐射、大气化学、大气污染和云物理学等方面具有重要作用[1]。

云是大气层中具有一定稳定特性且沉降速度比较小、大小在 0.01 ～ 10μm 的液态和固态粒子共同组成的混合体。大气中云形成一般需要三个条件:充足的水汽、有能使水汽凝结的冷空气和凝结核。地面上的水吸热变成水蒸气,上升到天空蒸汽层上层,由于蒸汽层上层温度低,水蒸气体积缩小密度增大,蒸汽下降,而蒸汽层下面温度高,下降过程中吸热,再度上升遇冷,再下降,如此反复气体体积逐渐缩小,最后集中在蒸汽层底层。在底层形成低温区,水蒸气向低温区集中,这就形成了云[2]。按外形特征、结构特点和云底高度,可将云分为三族、十属、二十九类[3]。按云的底部距离地面的高度不同可把云分为低、中、高三种。低云包括层云、积云、积雨云、层积云、雨层云 5 类,云底高度一般在 2000m 以下;中云包括高层云和高积云两类,云底高度通常在 2000～6000m;高云包括卷层云、卷积云、卷云三类,云底高度通常在 6000m 以上。云的分类如图 2.1 所示[4]。

雾一般形成于近地面层中。在白天,地面吸收积蓄了大量的热,夜间热量开始向空中散发而使地面温度降低,当温度降至零点以下,就会使接近地面的水蒸气达到饱和状态。这些饱和水汽就以空气中的烟尘为核心,而凝结为细小的水滴,形成浮游于空中的雾[5]。

霾是大量极细微的干气溶胶粒子等均匀地浮游在空中,使水平能见度小于 10km 的空气普遍混浊现象,霾使远处光亮物体微带黄、红色,使黑暗物体微带蓝色。一般情况下,当能见度在 1～10km 时可能既有干气溶胶的影响(即霾的影响),也可能有水滴的贡献(即轻雾的贡献),且不易区分,所以就被称为"雾霾"现象[6]。从气象学上讲,云、雾、霾在粒子半径、高度和能见度等方面各不相同,但从遥感物理学角度来说,它们在可见光波段的吸收、反射和散射效应是一致的。雾霾可以看作是低空中的云,都是在大气中漂浮的小液滴或冰晶组成的水汽凝结物,对航拍图像清晰度的退化程度没有较大差异,与薄云在图像上的成像特征十分接近。因此,在本书中不再区分雾霾,而是将它们和薄云视为同一种图像退化现象,在后续工作中,将从薄云和厚云两个部分开展研究[7]。

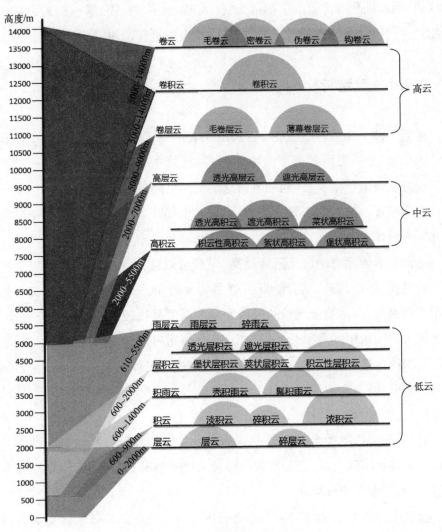

图 2.1　云的分类(见彩图)

2.2　无人机云雾图像的特征分析

不同于多时相、多光谱卫星遥感图像,无人机航拍图像无法提供多时相、多光谱信息,但成像高度较低且分辨率较高,相应的景物信息也较为丰富,同时无人机载成像设备受拍摄天气(大风、云层、雨、雪、雾、霾)的影响也会使得地物信息受到影响。下面主要从时域、频谱特征加以分析[8]。

2.2.1 时域特征

雾天条件下无人机图像亮度分布集中,基本处于中间区域,其灰度值动态范围变窄,分析可见雾浓度的增加,此种现象愈加明显,同时颜色被遮断和削弱造成衰减严重,包含的细节信息熵也随之降低,当然整个画面的质量也会下降很多。如图2.2、图2.3所示,在相似场景条件下,无人机拍摄的晴天和雾天图像。

通常云雾的反射率比无云区域高,一般可以达到50%~55%,所以亮度值也就更高,相比薄云,厚云能反射更多的太阳光,一些厚云能反射90%的太阳光。另外,大多数云区域的饱和度和色调值都比较低,能量高、方差小。由于无人机图像中的薄云总是成片出现,其分布表现为在大区域内集中,而在小范围内离散的特点,没有特定的形状,半透明云像素通常出现在主云区的边界部分;厚云在图像上的范围一般较薄云小,通常都是聚集在一个区域呈亮白色朵云出现。

另外,无人机图像中云的纹理复杂多变,属于随机纹理,随着云种类的不同其纹理也不同,如层云的纹理一般较为光滑,积云表面通常呈现褶皱和斑点,而卷云则多为纤维状。

这里主要从薄云和厚云两个方面分析其纹理特征。当薄云覆盖无人机图像时,地物信息和薄云同时存在,透过薄云还可以依稀看到云下的地物,视觉上表现为图像的对比度低、地物信息模糊和细节不丰富,薄云在频域中主要集中在低频部分;厚云在视觉上完全遮挡了云区下的地物,灰度值表现为一较高恒量,此时图像中只有厚云的信息而没有地物信息,纹理表现比较单一。

(a) 无人机图像

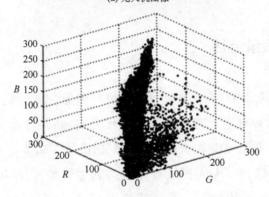

(b) 亮度分布图

图 2.2　晴天无人机图像及亮度分布图

(a) 无人机图像

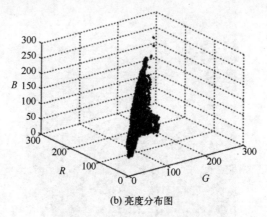

(b) 亮度分布图

图 2.3　云雾天气下无人机图像及亮度分布图

2.2.2　频谱特性

图像的频谱特性反映了图像的频率值与图像强度变化的关系,其中变换后图像中的低频对应于时域中的慢变化分量,高频分量对应于变化较快的部分。图 2.4、图 2.5 是在合肥同一场景拍摄的不同条件下图像及其傅里叶变换(FFT)振幅谱。无人机飞行经常遇到雾天条件,拍摄的无人机图像受到雾气的影响,在频域上相当于受到低通滤波器的限制。对比图 2.4、图 2.5 中的振幅谱,可发现,晴天条件下振幅谱峰值突出较多,对应着图像中

(a) 无人机图像

22

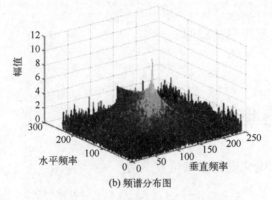

(b) 频谱分布图

图 2.4　晴天无人机图像及频谱分布图

(a) 无人机图像

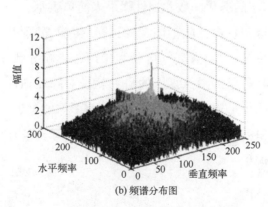

(b) 频谱分布图

图 2.5　云雾天气下无人机图像及频谱分布图

的变化尖锐部分,雾天条件下振幅谱分布较为平缓且均值要降低,这是被雾信息的低通滤波器限制造成的。

2.3 云雾图像的退化模型

空间域内的退化图像模型可表示为

$$g(x,y) = h(x,y) * f(x,y) + \eta(x,y) \tag{2.1}$$

式中:$g(x,y)$为退化图像;$h(x,y)$为退化函数;$*$为空间卷积;$f(x,y)$为无污染图像;$\eta(x,y)$为加性噪声。

退化过程可以建模为一个退化函数$h(x,y)$和加性噪声$\eta(x,y)$共同作用于原始图像$f(x,y)$,得到退化图像$g(x,y)$的过程,如图2.6所示。

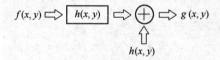

图 2.6　图像退化模型

云雾降低了图像的清晰度,也可看作是一种图像噪声,但这种噪声是无规律的,不能用固定的退化函数和加性噪声来简单表示。

航拍图像的退化是指在航拍图像的拍摄、传输、处理和显示等过程中,因为传感器自身系统误差、大气气溶胶和噪声等影响导致获得的图像出现失真、模糊、噪声等现象。图像复原的目的就是对降质图像进行一定处理,尽可能地将降质图像重建成无退化的原始理想图像的过程。

基于2.1节和2.2节的分析,下面将分别研究薄云雾图像的退化模型和厚云图像的退化模型。

2.3.1　雾、薄云图像的退化模型

Mitchell[9]于 1977 年提出了遥感图像中云的成像模型,如图 2.7 所示。当云雾较薄时,传感器接收到的信息主要来自两部分:一部分是经云层直接反射的太阳辐射;另一部分是透过云雾到达地表,然后经过地表反射再次穿过云雾传入传感器的太阳辐射。其公式为

$$S(x,y) = aLr(x,y)t(x,y) + L(1-t(x,y))$$
$$= J(x,y)t(x,y) + L(1-t(x,y)) \tag{2.2}$$

式中:$S(x,y)$ 为传感器得到图像,即云雾图像;a 为太阳辐射在大气中的衰减系数;L 为太阳辐射强度;$r(x,y)$ 为地面反射率;$t(x,y)$ 为大气透射率;a、$r(x,y)$ 和 $t(x,y)$ 的值都属于 $[0,1]$;令 $J(x,y) = aLr(x,y)$,则 $J(x,y)$ 即为要恢复的无云雾图像。

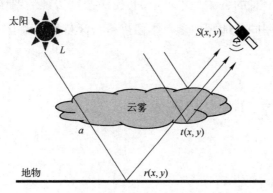

图 2.7　薄云雾图像的退化模型示意图

2.3.2　厚云图像的退化模型

当云层较厚时,太阳辐射不能穿过云层而被云层全部反射,此时传感器接收到的信息只有被云层反射的信号,云覆盖下的地物信息被完全遮挡,如

图 2.8 所示。

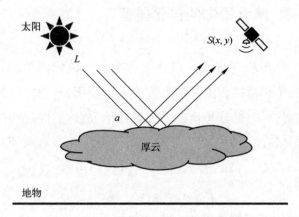

图 2.8　厚云图像的退化模型示意图

在这种情况下,大气透射率 $t(x,y)=0$,则式(2.2)可改写为

$$S(x,y)=aL \tag{2.3}$$

此时,地物信息的丢失是不可逆的,无法通过传统的图像增强方法显示出地物,只能利用同一地区的参考影像进行云区替换或融合。

2.4　深度学习概念及技术

2.4.1　深度学习

近年来,机器学习(machine learning)技术在图像处理、计算机视觉和自然语言处理等领域已经有了十分广泛的应用,而在机器学习这个大的算法集合之中,深度学习(deep learning)的使用越来越多。"深度学习"这个词是1986 年由 Dechter 在机器学习领域提出的,后来各种被视为浅层网络的分类器相继出现,但一直没有突破性进展,直到 2006 年加拿大多伦多大学教授、机器学习领域的领军人物 Hinton 和他的学生 Salakhutdinov 在著名学术刊物

《科学》上发表的文章中提出了深度网络和深度学习概念,才开启了深度学习的研究热潮[10]。

深度学习的本质是通过构建具有很多隐层的机器学习模型和海量的训练数据,来学习更有用的特征,从而最终提升分类或预测的准确性。即"深度模型"是手段,"特征学习"是目的。区别于传统的浅层学习,深度学习的不同在于:

(1)强调了模型结构的深度,神经网络层数甚至还可以达到成百上千层。

(2)明确突出了特征学习的重要性。

也就是说,通过逐层特征变换,将样本在原空间的特征表示变换到一个新特征空间,从而分类或预测更加容易[11]。

深度学习解决了浅层学习难以表示复杂分类映射、泛化能力弱等问题。深度学习就是一种特征学习方法,将原始数据通过一些简单非线性的模型转变成更高层次的、更加抽象的表达,通过足够多的转换的组合,可以学习到非常复杂的函数。深度学习网络模型的各层特征是使用一种通用的学习过程从数据中学到的,而不是利用人工工程来设计的。

本节主要研究深度卷积生成对抗网络在图像修复方面的研究,也会涉及其他深度学习相关技术的应用,如卷积神经网络、生成对抗网络等网络模型和反卷积、激活函数等重要知识点,我们先对这些概念进行简要介绍,为后面的主要工作奠定基础。

2.4.2　自动编码器

自动编码器(Autoencoder,AE)是一种以无监督的方式学习高效数据编码或表示的人工神经网络。目的是学习一组数据的表示(编码),通常方法是降维[12]。图 2.9 是自编码器的网络结构示意图,结构由编码器 encoder 和解码器 decoder 组成,前者将原始表示编码成隐层表示,后者将隐层表示解码成原始表示,训练目标为最小化重构误差。

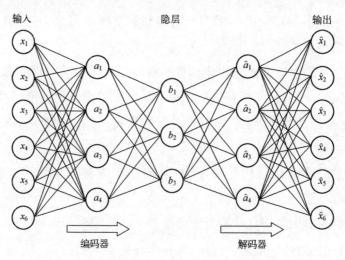

图 2.9　自动编码器的网络结构示意图

　　一般而言,隐含层的特征维度低于原始特征维度,此时可以得到输入的一个压缩表达,而当隐含层维度比输入层维度大时,添加一些限制,如稀疏限制,会得到类似于稀疏编码的结果。自编码器只是一种思想,在具体实现中,encoder 和 decoder 可以由多种深度学习模型构成,如全连接层、卷积层等。

　　自动编码器将数据从输入层压缩成短代码,然后将该代码解压缩为与原始数据紧密匹配的代码。这就迫使自动编码器参与降维,例如,通过学习如何忽略噪声。一些架构使用堆叠稀疏自动编码器层进行图像识别。第一,自动编码器可以学习编码诸如角点这些简单的特征;第二,分析第一层的输出,然后编码图像的局部特征,如鼻尖;第三,可能编码整个鼻子等,直到最终的自动编码器将整个图像编码成匹配的代码为止。目前,自动编码器已经被越来越广泛地用于学习数据的生成模型,例如,如果事先给系统传入了从"人脸"和"眼镜"学习到的样本特征,就可以生成一幅戴眼镜的人的图像,即使它以前从未见过戴眼镜的人。

2.4.3　卷积神经网络

20 世纪 60 年代,Hubel 和 Wiesel 在研究猫脑皮层中用于局部敏感和方向选择的神经元时发现其独特的网络结构可以有效地降低反馈神经网络的复杂性,继而提出了卷积神经网络(Convolution Neural Networks,CNN)[13]。

卷积神经网络是一种前馈神经网络,卷积运算操作是其主要特点,它的神经元的连接是启发于动物视觉皮层。单个皮质神经元可以对某个有限空间区域的刺激做出反应。这个有限空间可以称为接受域。不同的神经元的接受域可以重叠,从而组成了所有的可见区域。那么,一个神经元对某个接受域内的刺激做出反应,在数学上可以使用卷积操作来近似。也就是说,卷积神经网络是受到生物处理的启发,设计使用最少的预处理的多层感知机的变体。

卷积神经网络是一种多层神经网络,能很好地处理机器学习问题,特别是适用于处理尺寸较大的图像数据。当输入为图像数据时,通过层层堆叠的卷积(convolution)、池化(pooling)和非线性激活函数(non-linear activation function)等操作,将原始数据逐层抽象,这一过程即是前馈运算(feed-forward),在卷积神经网络的最后一层会将目标任务转化成损失函数(loss function),通过计算预测值和真实值之间的损失,由反向传播算法(back-propagation algorithm)将损失逐层向前反馈(back-forward),然后更新各层参数再次反馈,重复这个过程直到网络框架稳定,才达到训练的目的。

LeNet-5 是早期推动深度学习发展的卷积神经网络之一,由 Yann LeCun 于 1998 年提出。LeNet-5 架构在当时用于几乎美国所有的邮政系统,用来进行字符识别的工作,如读取邮编、数字等,在当时有限的技术条件下错误率就能低于 1%。LeNet-5 的网络结构示意图如图 2.10 所示,下面将简单叙述一下其结构来说明卷积神经网络的结构。

LeNet-5 共有 7 层(不包括输入层),包括 3 个卷积层、2 个下采样层(池化层)、1 个全连接层和 1 个输出层。首先是数据输入层,输入图像的尺寸统

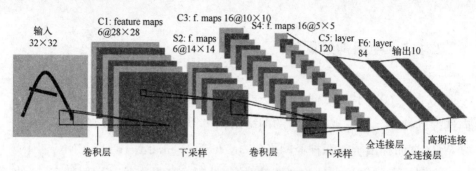

图 2.10　LeNet-5 的网络结构示意图

一归一化为 32×32。C1 层是第一个卷积层,输入图片为 32×32,卷积核大小为 5×5,输出特征图(feature map)大小为 28×28(32-5+1=28)。然后经过下采样层 S2,以 2×2 作为采样倍数,则输出特征图的大小为 14×14。接下来是第二个卷积层 C3,输入 S2 层中所有 6 个或者几个特征图组合,卷积核大小 5×5,输出特征图的大小为 10×10(14-5+1=10)。之后是第二个下采样层 S4,同样以 2×2 作为采样倍数,输出特征图的大小为 5×5。C5 层是一个卷积层,由于 S4 层的 16 个图的大小为 5×5,与卷积核的大小相同,因此卷积后形成的图的大小为 1×1,此时构成了 S4 与 C5 之间的全连接,但这里 C5 表示为卷积层而不是全连接层,是因为如果 LeNet-5 的输入变大,而其他保持不变,此时的 Feature Map 的大小就比 1×1 要大。F6 是全连接层,计算输入向量和权重向量之间的点积,再加上一个偏置,结果通过 sigmoid 函数输出。输出层由欧式径向基函数(euclidean radial basis function)单元组成。

　　卷积神经网络具有的重要特征为稀疏连接(sparse connectivity)。一般认为人对外界的认知是从局部到全局的,而图像的空间联系也是局部的像素联系较为紧密,而距离较远的像素相关性则较弱。因而,每个神经元其实没有必要对全局图像进行感知,只需要对局部进行感知,然后在更高层将局部的信息综合起来就得到了全局的信息。网络部分连通的思想,也是受启发于生物学里面的视觉系统结构。视觉皮层的神经元就是局部接受信息的(即这些神经元只响应某些特定区域的刺激)。如图 2.11 所示,图 2.11(a)为全连接,图 2.11(b)为局部连接。在图 2.11(b)中,假如每个神经元只和

10×10 个像素值相连,那么权值数据为 $10^6 \times 100$ 个参数,减少为原来的万分之一,而那 10×10 个像素值对应的 10×10 个参数,其实就相当于卷积操作。

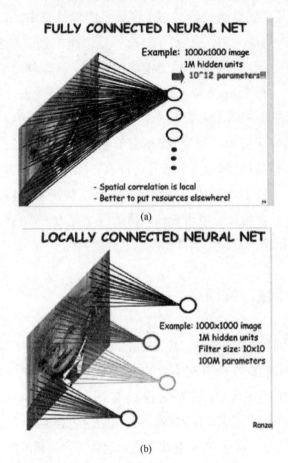

图 2.11　全连接和稀疏连接对比图

　　通过稀疏连接可以在一定程度内降低参数的数据量,但这还是不够的,这时可以通过权值共享进一步减少参数的数量。所谓的权值共享就是说,给一张输入图片,用一个滤波器去扫这张图,滤波器里面的数就称为权重,这张图的每个位置是被同样的滤波器扫过的,所以权重是一样的,也就是共享。权值共享意味着每一个过滤器在遍历整个图像时,过滤器的参数(即过滤器的参数的值)是固定不变的,比如现有 3 个特征过滤器,每个过滤器都会扫描整个图像,在扫描的过程中,过滤器的参数值是固定不变的,即整个图像的所有元素都共享了相同的权值。

权值共享其实就是滤波器共享。在数字图像处理中,常用边缘检测算子进行图像中的边缘检测,这些算子具有一定的模板去检测水平线、垂直线和45°线等,这个一定的模板就是固定的滤波器。卷积网络学好了之后,其权值就是固定了,然后就成为了另一种"一定的模板",去检测图像中的边缘。水平线检测用一种模板,然后图像中的所有水平线被检测出来了。在卷积网络中,学好了一个滤波器,就相当于掌握了一种特征,这个滤波器在图像中滑动,进行特征提取,然后所有进行这样操作的区域都会被采集到这种特征,就好比上面的水平线。因为图片的底层特征是与特征在图片中的位置无关的,即一种特征可以出现在图像的一个地方,也可以出现在图像的另一个地方,用滤波器滑动,就可以提取这样的特征。

2.4.4 生成对抗网络

生成对抗网络(Generative Adversarial Nets,GAN)是 Ian Goodfellow 在 2014 年提出的一种深度学习网络模型[14],近年内席卷 AI 领域内的各大顶级会议,在 2018 年的计算机视觉顶级会议 CVPR(Computer Vision and Pattern Recognition)上,甚至有8%的论文标题中包含 GAN。GAN 被认为是目前在图像生成等任务上最为有效的方法,深度学习领域巨头 Yann Lecun 评价其为"近二十年来机器学习领域最酷的想法"。

生成对抗网络受博弈论中的零和博弈启发,将生成问题视作鉴别器 D(Discriminator)和生成器 G(Generator)这两个网络的对抗和博弈,如图 2.12 所示:生成器 G 从给定噪声中(一般是指均匀分布或者正态分布)产生合成数据,鉴别器 D 用来分辨输入是来自生成器的输出还是真实数据(就是输出值大于 0.5 还是小于 0.5),一直重复训练过程,直到鉴别器对所有的数据(无论真实的还是合成的数据)输出都是一样的值,也就是说直到生成器 G 可以产生足以"以假乱真"的数据。鉴别器 D 不断学习真实无云图像和生成图像的区别并区分真假,而生成器 G 也尽可能地学习真实图像的特征去欺骗鉴别器 D。由此,两个网络在对抗中进步,在进步后继续对抗,由生成式网络得到的数据也就越来越完美,逼近真实数据,从而可以生成想要得到的数据(图片、序列、视频等)。

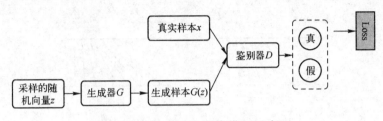

图 2.12　生成对抗网络模型示意图

上述过程可以用下面这个公式来表示,该公式即 GAN 的目标函数:

$$\min_{G}\max_{D}V(D,G) = Ex_{x \sim p_{\mathrm{data}}(x)}\left[\log D(x)\right] + E_{z \sim p_z(z)}\left[\log\left(1 - D(G(z))\right)\right]$$

$$(2.4)$$

式中:z 为输入生成器的噪声;x 为真实数据;$Ex_{x \sim p_{\mathrm{data}}(x)}$ 为样本的分布;$E_{z \sim p_z(z)}$ 为噪声分布;$D(x)$ 为鉴别器判断 x 是真实数据的概率(因为 x 就是真实数据,所以这个值越接近于 1 越好);$D(G(z))$ 为鉴别器判断生成数据是否真实的概率。GAN 通常采用交替训练的策略,先固定生成器 G、优化鉴别器 D,使得鉴别器 D 的判别准确率最大化;然后固定鉴别器 D、优化生成器 G,使得鉴别器 D 的判别准确率最小化。训练 GAN 时,同一轮参数更新中,一般对鉴别器 D 的参数更新 k 次再对生成器 G 的参数更新 1 次。

图 2.13 为 GAN 的训练过程示意图,图中的粗虚线、实线和细虚线分别代表真实样本分布、生成样本分布和鉴别模型分布。从图 2.13(a)可以看出,在训练开始时,判别模型无法很好地区分真实样本和生成样本。然后固定生成模型、优化判别模型,优化结果如图 2.13(b)所示,可以看出,这个时候判别模型已经可以较好地区分生成数据和真实数据。图 2.13(c)是固定判别模型、改进生成模型,试图让判别模型无法区分生成数据与真实数据,可以看出生成数据的分布与真实数据分布更加接近,这样的迭代不断进行,

直到最终收敛,生成分布和真实分布重合,如图2.13(d)所示。

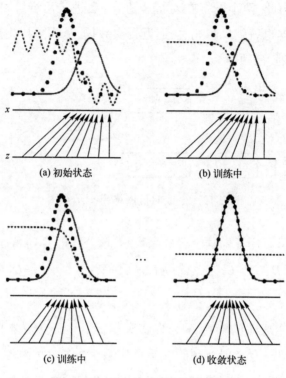

图 2.13　GAN 的训练过程示意图

　　虽然相比其他所有模型,GAN 可以生成更加清晰、真实的样本,但 GAN 的训练非常不稳定,常常会使生成器得到无意义的输出。

2.4.5　深度卷积生成对抗网络

　　对于 GAN 训练不稳定的问题,Alec Radford 等将 CNN 和 GAN 结合,提出了深度卷积生成对抗网络(Deep Convolutional Generative Adversarial Networks,DCGAN)[15]。DCGAN 极大地提升了 GAN 训练的稳定性以及生成结果质量,利用卷积神经网络强大的特征提取能力来提高生成网络的学习效果。该论文的主要贡献有:

（1）为 CNN 的网络拓扑结构设置了一系列的限制来使得它可以稳定的训练。

（2）使用得到的特征表示来进行图像分类,得到比较好的效果来验证生成的图像特征表示的表达能力。

（3）对 GAN 学习到的滤波器(filter)进行了定性的分析。

（4）展示了生成的特征表示的向量计算特性。

在模型结构上,DCGAN 相比传统 GAN 作了以下几点改进:

（1）用卷积层替代池化层。其中,在鉴别器上用步幅卷积(strided convolutions)替代,在生成器上用转置卷积(transposed convolution)进行替代。

（2）在生成器和鉴别器上都使用批标准化(Batch Normalization,BN)。可以用来解决初始化差的问题,帮助梯度传播到每一层和防止生成器把所有的样本都收敛到同一个点。直接将 BN 应用到所有层会导致样本振荡和模型不稳定,通过在生成器的输出层和鉴别器的输入层不采用 BN 可以防止这种现象。

（3）移除全连接层。而直接使用卷积层连接生成器和鉴别器的输入层以及输出层。

（4）激活函数上面,在生成器除了输出层外的所有层使用 ReLU,输出层采用 tanh;在鉴别器的所有层上使用 Leaky ReLU。

图 2.14 为在 LSUN 数据集上使用的 DCGAN 网络模型结构图,将一个维

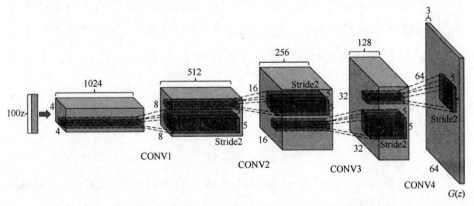

图 2.14　在 LSUN 数据集上使用的 DCGAN 网络模型结构

度为100的均匀分布 Z 投影到一个有很多特征的小空间范围卷积,通过4个微步幅卷积(fractionally strided convolution,注意不是反卷积 deconvolution),最后把高级表征转换成64×64像素的图像。可以看出,没有用到全连接层和池化层。

2.4.6 卷积运算

卷积运算在卷积神经网络中具有十分重要的地位,也是其名字的来源。卷积层的输入是一个 $m×m×r$ 图像,其中 m 是图像的高度和宽度,r 是通道的数量,例如,RGB图像的 $r=3$。卷积层有 k 个滤波器(也可称为核),其大小是 $n×n×q$,这里的 n 是比图像维度小的一个数值,q 既可以等于通道数量,也可以小于通道数量,具体根据不同的滤波器来定。卷积操作有两个重要的超参数(hyper parameters):滤波器尺寸(filter size)和步长(stride),合适的超参数设置会给模型带来理想的性能提升。

下面通过一幅图来具体解释一下卷积操作的过程,如图2.15所示,因为三维数据难以可视化,所以所有的数据(输入数据为第1列,权重数据为第3列,输出数据为第4列)都采取将深度切片按照列的方式排列展现。输入数据的尺寸是5×5,深度(depth)是3,卷积层参数:2个滤波器,滤波器的尺寸是3×3,它们的步长是2。因此,输出数据体的空间尺寸是(5-3+2)/2+1=3。注意输入数据体使用了零填充(zero-padding),所以输入数据体外边缘一圈都是0。下面的例子在输出激活数据上循环演示,展示了其中每个元素都是先通过输入数据和滤波器逐元素相乘,然后求其总和,最后加上偏差得来。

2.4.7 转置卷积

转置卷积(transposed convolution)也称为微步幅卷积(fractional strided convolution)或反卷积(deconvolution),反卷积的概念第一次出现是 Zeiler 在

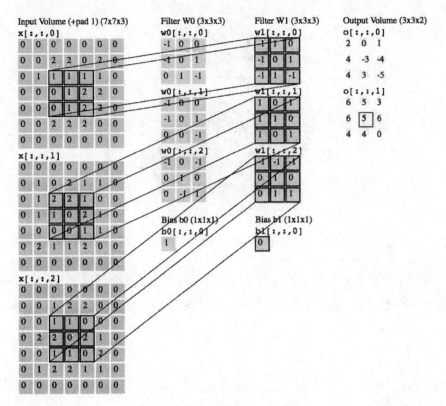

图 2.15　卷积运算过程示意图

2010 年发表的论文 deconvolutional networks 中,但是并没有指定反卷积这个名字,反卷积这个术语正式使用是在其之后的工作中[16]。随着反卷积在神经网络可视化上的成功应用,其被越来越多的工作所采纳,如场景分割、生成模型等。反卷积的叫法会让人误以为是"卷积的逆变换",但其实卷积层的前向传播过程就是反卷积层的反向传播过程,卷积层的反向传播过程就是反卷积层的前向传播过程,通常表现为一种上采样的过程,称为转置卷积或微步幅卷积比较恰当。

　　下面通过一个例子进一步解释转置卷积的概念。现有一个简单的卷积运算,参数上输入为 4×4,卷积核为 3×3、步长为 1,无边界填充。如图 2.16所示,下方为输入,上方为卷积输出。

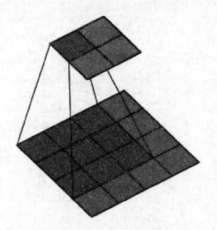

图 2.16　卷积运算

对于上述卷积运算,把图 2.16 所示的 3×3 卷积核展开成一个 [4,16] 的稀疏矩阵 C,其中非 0 元素 $w_{i,j}$ 表示卷积核的第 i 行和第 j 列,如下所示:

$$\begin{pmatrix} w_{0,0} & w_{0,1} & w_{0,2} & 0 & w_{1,0} & w_{1,1} & w_{1,2} & 0 & w_{2,0} & w_{2,1} & w_{2,2} & 0 & 0 & 0 & 0 & 0 \\ 0 & w_{0,0} & w_{0,1} & w_{0,2} & 0 & w_{1,0} & w_{1,1} & w_{1,2} & 0 & w_{2,0} & w_{2,1} & w_{2,2} & 0 & 0 & 0 & 0 \\ 0 & 0 & 0 & 0 & w_{0,0} & w_{0,1} & w_{0,2} & 0 & w_{1,0} & w_{1,1} & w_{1,2} & 0 & w_{2,0} & w_{2,1} & w_{2,2} & 0 \\ 0 & 0 & 0 & 0 & 0 & w_{0,0} & w_{0,1} & w_{0,2} & 0 & w_{1,0} & w_{1,1} & w_{1,2} & 0 & w_{2,0} & w_{2,1} & w_{2,2} \end{pmatrix}$$

再把 4×4 的输入特征展成 [16,1] 的矩阵 X,那么 $Y = CX$ 则是一个 [4,1] 的输出特征矩阵。把它重新排列 2×2 的输出特征就得到最终的结果。从上述分析可以看出,卷积层的计算其实是可以转化成矩阵相乘的。

通过上述分析,可以看出卷积层的前向操作可以表示为和矩阵 C 相乘,那么可知卷积层的反向传播就是和 C 的转置相乘。其实卷积层的前向传播过程就是反卷积层的反向传播过程,卷积层的反向传播过程就是反卷积层的前向传播过程。因为卷积层的前向反向计算分别为乘 C 和 C^{T},而反卷积层的前向反向计算分别为乘 C^{T} 和 $(C^{\mathrm{T}})^{\mathrm{T}}$,所以它们的前向传播和反向传播刚好交换过来。

2.4.8　激活函数

在神经网络中,激活函数(activation function)的作用是能够给神经网络加入一些非线性因素,使得神经网络可以更好地解决较为复杂的问题。当没有激励函数时,每一层输出都是上层输入的线性函数,无论神经网络有多少层,输出都是输入的线性组合,难以有效建模实际环境中非线性分布的数据。激活函数的引入使得神经网络可以任意逼近任何非线性函数,这样神经网络就可以应用到众多的非线性模型中。常用的激活函数有 Sigmoid、Tanh、ReLU 和 Leaky ReLU。

1. Sigmoid

Sigmoid 函数也称 Logistic 函数,用于隐层神经元输出,取值范围为(0,1),它可以将一个实数映射到(0,1)的区间,用来做二分类问题,给出样本属于正类或者负类的可能性是多少,在多分类的系统中给出的是属于不同类别的可能性,进而通过可能性来分类,在特征相差比较复杂或是相差不是特别大时效果比较好。图像如图 2.17 所示,公式如下:

$$S(x) = \frac{1}{1+e^{-x}} \tag{2.5}$$

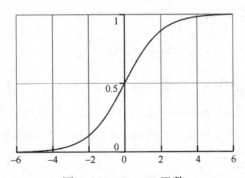

图 2.17　Sigmoid 函数

虽然 Sigmoid 函数在二分类问题中表现较好,但其具有软饱和性,限制了在深度学习领域内的应用。软饱和性是指函数的导数趋近于 0,在反向传播算法中,要对激活函数求导,Sigmoid 的导数表达式为

$$\phi'(x) = \phi(x)(1-\phi(x)) \qquad (2.6)$$

Sigmoid 原函数及导数图形如图 2.18 所示,由图可知,导数从 0 开始很快就又趋近于 0,易造成梯度消失现象,在近几年的神经网络中 Sigmoid 激活函数的使用越来越少。

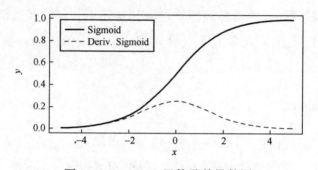

图 2.18　Sigmoid 函数及其导数图

2. Tanh

双曲正切函数(hyperbolic tangent function,Tanh)也是一种常见的激活函数,实际上是一个拉伸之后的 Sigmoid 函数,取值范围为 $(-1,1)$,图像如图 2.19 所示,公式如下:

$$\tanh(x) = \frac{e^x - e^{-x}}{e^x + e^{-x}} \qquad (2.7)$$

在一般二分类问题中,隐藏层常用 Tanh 函数,输出层用 Sigmoid 函数。与 Sigmoid 不同的是,它的输出均值是 0,使得其收敛速度要比 Sigmoid 快,可以减少迭代次数。但是 Tanh 仍然具有软饱和性,会出现和 Sigmoid 函数一样的梯度消失问题。

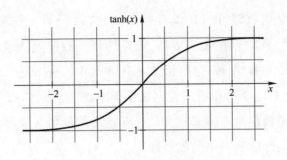

图 2.19　Tanh 函数

3. ReLU 和 Leaky ReLU

线性整流函数(Rectified Linear Unit,ReLU)是近些年神经网络中最常用的激活函数,图像如图 2.20 所示,公式如下:

$$f(x) = \max(0,x) \tag{2.8}$$

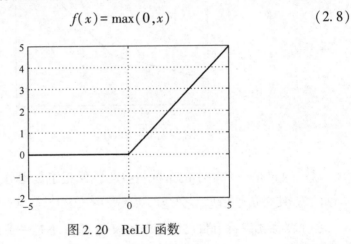

图 2.20　ReLU 函数

从式(2.8)和图 2.20 可以看出,ReLU 函数其实是一个分段线性函数,当 $x>0$ 时,$y=x$;当 $x \leqslant 0$ 时,$y=0$。相比于 Sigmoid 和 Tanh 来说,ReLU 有以下优势:对于线性函数而言,ReLU 的表达能力更强,尤其体现在深度网络中;而对于非线性函数而言,ReLU 由于非负区间的梯度为常数,因此不存在梯度消失问题(vanishing gradient Problem),使得模型的收敛速度维持在一个稳定状态。

但当输入是负数时,ReLU 没有被激活,这就表明一旦输入到了负数,ReLU 就会死掉,此时权重无法更新,流经神经元的梯度从这一点开始将永远是 0,这个现象称为神经元死亡(dead ReLU problem),如果学习率(learning rate)过大,那么很有可能网络中 40% 的神经元都死亡了。ReLU 还有一个缺点就是输出具有偏移现象[17],即输出均值恒大于零。偏移现象和神经元死亡会共同影响网络的收敛性。

带泄露线性整流函数(leaky ReLU)将 ReLU 的前半段设为非 0,解决了 ReLU 的神经元死亡问题,图像如图 2.21 所示,公式如下:

$$f(x) = \max(\alpha x, x) \tag{2.9}$$

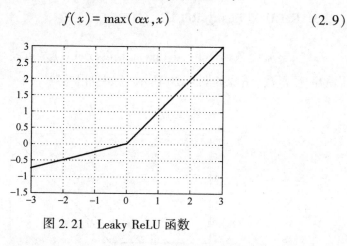

图 2.21　Leaky ReLU 函数

这里的 α 是一个很小的常数,这样,既修正了数据分布,又保留了一些负轴的值,使得负轴信息不会全部丢失。

各个激活函数都有自己的优点和缺点,选择不是一劳永逸的,而是根据实际情况和神经网络结构的需要决定的。

2.4.9　批标准化

批标准化(BN)[18]和普通的数据标准化类似,是将分散的数据统一的一种做法,也是优化神经网络的一种方法。

神经网络学习过程本质就是为了学习数据分布,一旦训练数据与测试数据的分布不同,那么网络的泛化能力也大大降低;另外,一旦每批(batch)训练数据的分布各不相同,那么网络就要在每次迭代都去学习适应不同的分布,这样将会大大降低网络的训练速度,这也正是为什么我们需要对数据都要做一个归一化预处理的原因。所以在神经网络训练开始前,都要对输入数据做一个归一化处理。

深度网络的训练是一个复杂的过程,只要网络的前面几层发生微小的改变,那么后面几层就会被累积放大下去。一旦网络某一层的输入数据的分布发生改变,那么这一层网络就需要去适应学习这个新的数据分布,所以如果训练过程中,训练数据的分布一直在发生变化,那么将会影响网络的训练速度。

网络一旦训练起来,那么参数就要发生更新,除了输入层的数据外(因为输入层数据,我们已经认为每个样本归一化),后面网络每一层的输入数据分布是一直在发生变化的,因为在训练时,前面层训练参数的更新将导致后面层输入数据分布的变化。以网络第二层为例:网络的第二层输入,是由第一层的参数和输入计算得到的,而第一层的参数在整个训练过程中一直在变化,因此必然会引起后面每一层输入数据分布的改变。我们把网络中间层在训练过程中数据分布的改变称为"Internal Covariate Shift"。神经网络输入数据预处理,最好的算法莫过于白化预处理,然而白化计算量太大,很不划算,还有就是白化不是处处可微的,所以在深度学习中,其实很少用到白化。

BN 的前向传播过程如图 2.22 所示,其中 m 代表 mini-batch size。BN 一般用在非线性映射(激活函数)之前,对 $y = wx + b$ 进行规范化,使结果(输出信号的各个维度)的均值都为 0、方差为 1,让每一层的输入有一个稳定的分布,有利于网络的训练。

BN 具有以下优点:

(1) 减少了对学习率的要求,可以选择较大的初始学习率加快训练速度,因为其快速训练收敛的特性。

(2) 减少了参数的人为选择,可以取消 dropout 和 L2 正则项参数,或者

$$
\begin{aligned}
&\textbf{Input: } \text{Values of } x \text{ over a mini-batch: } B=(x_{1\ldots m}); \\
&\qquad\quad \text{Parameters to be learned: } \gamma, \beta \\
&\textbf{Output: } \{\, y_i = \mathrm{BN}_{\gamma,\beta}(x_i)\,\}
\end{aligned}
$$

$$\mu_B \leftarrow \frac{1}{m}\sum_{i=1}^{m} x_i \qquad\qquad \text{// mini-batch mean}$$

$$\sigma_B^2 \leftarrow \frac{1}{m}\sum_{i=1}^{m}(x_i - \mu_B)^2 \qquad \text{// mini-batch variance}$$

$$\hat{x}_i \leftarrow \frac{x_i - \mu_B}{\sqrt{\sigma_B^2 + \varepsilon}} \qquad\qquad \text{// normalize}$$

$$y_i \leftarrow \gamma\,\hat{x}_i + \beta \equiv \mathrm{BN}_{\gamma,\beta}(x_i) \qquad \text{// scale and shift}$$

图 2.22　BN 的前向传播过程

采取更小的 L2 正则项约束参数,因为 BN 具有提高网络泛化能力的特性。

（3）不需要使用局部响应归一化层（局部响应归一化是 Alexnet 网络用到的方法）,因为 BN 本身就是一个归一化网络层。

（4）彻底打乱原来的训练数据分布,一定程度上缓解了过拟合。

2.5　图像质量评价相关知识

图像质量评价（Image Quality Assessment, IQA）方法可分为主观评价和客观评价两大类,客观图像质量评价目标是设计能够自动预测图像和视频的感知质量的指标。由于主观评价的不足及实际应用的需要,现在学者们研究的焦点主要集中在客观质量评价上,通常人们将图像客观评价算法根据有无参考图像分为:全参考评价（Full-Reference, FR）、无参考（或盲评价, No-Reference, NR）和弱参考（Reduced-Reference, RR）三类。由于工程应用中常常难以获取参考图像,因此无参考评价方法成为主流方向[19]。

图像质量评价理论涉及内容庞杂,限于篇幅,本节简要介绍人类视觉系统（Human Visual System, HVS）特性、无参考 NR 评价模型、相关评价数据库以及衡量 IQA 算法的指标。

2.5.1　HVS 基本特性

根据许多学者的不断努力,目前人们已获得了 HVS 不少的认识和成果,人们较为熟悉的是 HVS 的多通道结构、对比度敏感度以及掩盖效应、视觉的非线性处理定律等[20-21],这些都是和图像质量评价紧密相关的特性,也被人们成功地应用到相关的质量评价工作中并取得了不俗的表现。

人们经常将光学系统与 HVS 做相似性比较,但是由于大脑和神经系统的复杂性和调节机制,使得两者又不完全相同。从频率域分析可知 HVS 相当于一个低通线性系统,不敏感于过高频率反应;同时,非线性的对数(logarithm)相应于外界的亮度;从信号获取和处理方向看,视觉信号进入眼睛后的加权叠加会生成侧抑制效应,即视觉掩盖效应,受背景亮度、信号频率的局部效应和纹理复杂性的共同影响。

人们对于图像质量评价的理想结果是与人的主观感受一致,而人的主观感受主要受人眼视觉特性限制,也会受到人的心理学部分影响[22]。HVS 机理的研究始于 20 世纪 60 年代,其典型模型如图 2.23 所示。

图 2.23　典型 HVS 系统框图

如图 2.23 所示,典型系统主要包括亮度适应性、多通道分解性、对比度敏感函数、视觉掩盖效应[23],人眼对于亮度和灰度的分辨力不同,其相应曲线分别如图 2.24 所示。

1. 对比度敏感函数

人眼所能分辨亮度差异的能力被称为对比度敏感度,参照人眼敏感度模型,对比度敏感函数[24](Contrast Sensitivity Function,CSF)也称为人眼视

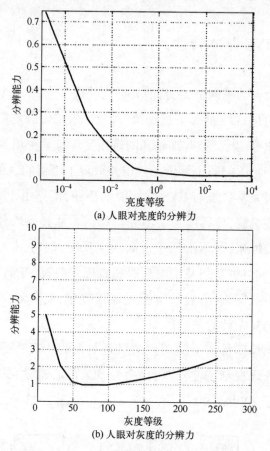

(a) 人眼对亮度的分辨力

(b) 人眼对灰度的分辨力

图 2.24　人眼对亮度和灰度的分辨能力

觉系统的空间调制转移函数,不同的实验得出的 CSF 形式不同。

一个较为流行的 CSF 滤波器的形式由 Mannos 和 Sakrison 提出,其形式如图 2.25 所示。

2. 亮度适应性

人眼视觉系统无法对观测物体的绝对亮度进行有效分辨,但是对其相对差异(局部变化)却有较强的判别能力。人们经常采用韦伯定律(weber)进行对比度定义,又经常称为亮度掩膜或光适应性[25]。公式为

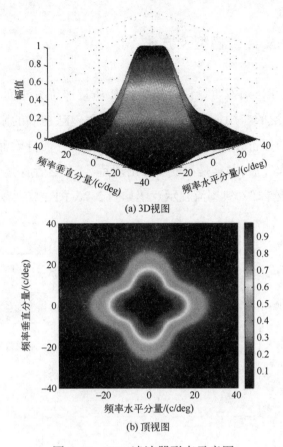

(a) 3D视图

(b) 顶视图

图 2.25　CSF 滤波器形态示意图

$$\frac{\Delta I}{I} = K \qquad (2.10)$$

式中：ΔI 为恰可察觉的亮度增加；I 为背景亮度；K 为韦伯常数。

人们也经常采用马可尔逊定律（Michelson）来表示对比度，公式为

$$C_M = \frac{L_{\max} - L_{\min}}{L_{\max} + L_{\min}} \qquad (2.11)$$

式中：$L_{\max}$ 为被观测目标的最大亮度；$L_{\min}$ 为被观测目标的最小亮度。

2.5.2 NR 评价模型及方法

异于 FR 及 RR 图像质量评价模型,NR 质量评价方法面临着更多的挑战,也有着更广泛的应用前景,其技术发展历程包括初期的限定某类失真、基于指定规则的评价模型研究,向着非限定失真、特征自动筛选和提取、机器学习引入方向发展,尤其是深度学习出现后,许多学者将其引入到 IQA 中取得了良好的效果[26],典型流程示意图如图 2.26、图 2.27 所示。

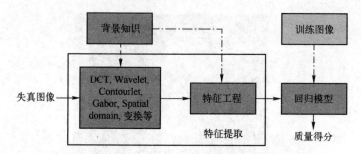

图 2.26　基于机器学习的图像质量评价模型

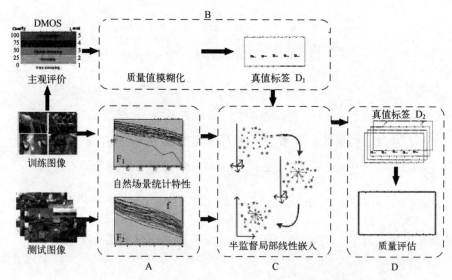

图 2.27　结合 NSS 及监督学习的图像质量评价模型

在此过程中尽管取得了长足的进步,但是离真正问题的解决还有很长的距离要走,众所周知的自然场景建模与 HVS 建模对偶问题的解决仍没有圆满的答案。

2.5.3　图像质量评价数据库

自从 2005 年以来,人们构建了多个专门用于图像质量评价的数据库,这些数据库中包含了一类或多类失真,图像场景内容多变,涵盖了经常见到的目标。另外,针对专门应用场景,人们也构建了红外、SAR、水体、森林、农作物、病例等多类专用评价数据库,为方便使用和算法验证对比分析,除了给出的原始清晰图像以及相应的不同失真类型和程度的样本外,在相对符合要求的条件下,还对每幅图像标注平均主观得分值(Mean Opinion Scores,MOS)和平均主观得分差值(Differential Mean Opinion Scores,DMOS),MOS 值越大对应着 DMOS 值越小,说明质量越好;MOS 值越小对应 DMOS 值越大,说明图像质量越差。常见的 22 类数据库及相关参数信息如表 2.1 所列。

表 2.1　常见的质量评价图像数据库表

	彩/灰	时间	数量	标准图	失真图	失真种类	分辨率	格式	参评人数
IRCCyN/IVC	Color	2005	195	10	185	5	512 × 512	BMP	15
LIVE	Color	2006	808	29	779	5	768 × 512	BMP	29
A57	Gray	2007	57	3	54	6	512 × 512	BMP	7
WID/Enrico	Gray	2007	105	5	100	10	512 × 512	BMP	16
TID	Color	2008	1725	25	1700	17	384 × 512	BMP	838
MICT	Color	2008	196	14	168	2	768 × 512	BMP	16
RCCyN/MICT	Color	2008	196	14	168	2	768　512	BMP	27
RBID	Color	2008	585	0	585	5	1280×960	BMP	20
WID/BA	Gray	2009	130	10	120	2	512 × 512	PGM	17
WID/FSB	Gray	2009	215	5	210	6	512 × 512	BMP	7
WID/MW	Gray	2009	132	12	120	2	512 × 512	BMP	14
WIQ	Gray	2009	87	7	80	1	512 × 512	BMP	30

（续）

	彩/灰	时间	数量	标准图	失真图	失真种类	分辨率	格式	参评人数
VAIQ	Color	2009	42	42	0	5	768 × 512	BMP	15
CSIQ	Color	2010	896	30	866	6	512 × 512	PNG	35
TUD1	Color	2010	24	8	16	1	1360 × 768	BMP	12
TUD2	Color	2010	55	11	44	1	1360 × 768	BMP	20
IRCCyN/DIBR	Color	2011	99	3	96	3	1024 × 768	JPG	43
JPEGXR	Color	2011	70	10	60	1	1280 × 1600	BMP	16
HTI	Color	2011	72	12	60	1	512 × 768	JPG	18
BBI	Color	2011	72	12	60	1	321 × 481	JPG	18
VCL@ FER	Color	2011	575	23	552	4	See117	J2K	118
DRIQ	Color	2012	104	26	78	3	512 × 512	PNG	9

值得一提的是,国内青年学者 Ma Kede 在前述数据库构建的基础上,2017 年推出了一个大型质量评价图像数据库——Waterloo Exploration Database[27],包含了 4744 幅原始参考图像和 94880 幅由此失真降质变化而来的图像,图 2.28 所示即为从数据库中选取的 5 类典型不同场景图像。

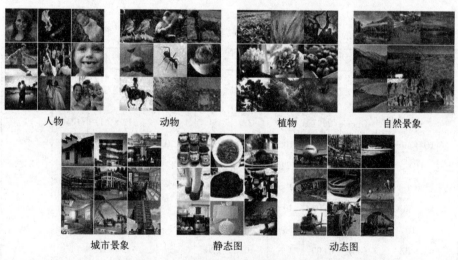

人物　　　　　　动物　　　　　　植物　　　　　　自然景象

城市景象　　　　　静态图　　　　　动态图

图 2.28　5 类典型不同场景图像

2.5.4　衡量 IQA 算法的指标

对于不同的 IQA 评价算法,为方便选择和对比分析,还需要给出客观的指标加以衡量,好的 IQA 评价算法应该与上面所提到的 MOS/DMOS 值有很好的一致性,同时也要考虑到运算开销和复杂度[28-30],便于工程应用,下面简要介绍几种常见的指标[31-32]。

1.　RMSE(root mean squared error)

RMSE 为广泛使用的一个指标,公式为

$$\text{RMSE} = \left[\frac{1}{n} \sum_{i=1}^{n} (x_i - y_i)^2 \right]^{\frac{1}{2}} \tag{2.12}$$

式中:x_i 为算法评价的质量等分;y_i 为 MOS 或 DMOS 值;RMSE 反映了算法的准确性(predict accuracy),其比较了评价结果与 MOS 或 DMOS 值的绝对误差。需注意在计算前对 MOS 或 DMOS 值进行归一化。

2.　SROCC(spearman's rank ordered correlation coefficient)

SROCC 系数也称为斯皮尔曼系数(spearman),常用于对 IQA 算法的预测单调性(predict monotonicity)进行考量,公式为

$$\text{SROCC} = 1 - \frac{6}{n(n^2 - 1)} \sum_{i=1}^{n} (r_{xi} - r_{yi})^2 \tag{2.13}$$

式中:r_{xi} 和 r_{yi} 分别对应着 x_i 和 y_i 在数据序列里的位置前后排序。

3.　KROCC(kendall rank ordered correlation coefficient)

KROCC 系数也称为肯德尔相关系数(kendall),同样也是用于衡量 IQA 算法的预测单调性问题(predict monotonicity),公式为

$$\text{KROCC} = \frac{2n_c - n_d}{n(n-1)} \tag{2.14}$$

式中:n_c 和 n_d 分别为在数据序列集中的一致对的个数以及非一致对的个数。

4. LCC(linear correlation coefficient)

LCC 系数也常被称为皮尔逊系数(pearson),公式为

$$\text{LCC} = \frac{1}{n} \sum_{i=1}^{n} \left(\frac{x_i - \bar{x}}{\sigma_x} \right) \left(\frac{y_i - \bar{y}}{\sigma_y} \right) \tag{2.15}$$

式中:$\bar{x}$、$\bar{y}$ 分别为原有数据序列 x、y 的均值;σ_x、σ_y 分别为 x、y 的标准差,该指标从 IQA 评价结果与 MOS 或 DMOS 值相关性来分析预测准确性问题(Predict Accuracy)。

5. OR(outlier ratio)

OR 离出率计算超过 MOS 或 DMOS 值±2 倍标准差时的样本的百分比,其经常用于衡量预测的一致性问题(predict consistency),公式为

$$\text{OR} = \frac{N_{\text{false}}}{N_{\text{total}}} \tag{2.16}$$

式中:N_{false}、N_{total} 分别为大于 MOS 或 DMOS 值±2 倍标准差时,样本数以及总的样本数。

2.6 本章小结

有关本书研究所涉及的基础理论较多,这里只是给出有关云雾形成、退化模型以及深度学习相关的基础知识,由此需要的数学知识和各种模型请读者参考相关的文献,限于篇幅,这里不再赘述。

参考文献

［1］　章澄昌．大气气溶胶教程［M］．北京:气象出版社,1995.

［2］　张文君．基于遥感影像特征的云雾去除模型对比研究［D］．昆明:云南大学,2016.

［3］　中国气象局．地面气象观测规范［M］．北京:气象出版社,2003.

［4］　冯德军,等．精确打击武器战场环境导论［M］．北京:国防工业出版社,2017.

［5］　吴兑,吴晓京,朱小祥．雾和霾(气象灾害丛书)［M］．北京:气象出版社,2009.

［6］　中国科协学会学术部．大气雾—霾研究中的科学问题与思考［M］．北京:中国科学技术出版社,2015.

［7］　周丽雅．受云雾干扰的可见光遥感影像信息补偿技术研究［D］．郑州:解放军信息工程大学,2011.

［8］　张思雨．航拍图像云雾去除方法研究［D］．合肥:陆军炮兵防空兵学院,2018.

［9］　Mitchell O R,Delp E J,Chen P L. Filtering to remove cloud cover in satellite imagery［J］. IEEE Transactions on Geoscience Electronics,1977,15(3):137-141.

［10］　HintonG E,Salakhutdinov R R. Reducing the dimensionality of data with neural networks［J］. Science,2006,313(5786):504-507.

［11］　余凯,贾磊,陈雨强,等．深度学习的昨天、今天和明天［J］．计算机研究与发展,2013,50(9):1799-1804.

［12］　Liou C Y,Cheng W C,Liou J W,et al. Autoencoder for words［J］. Neurocomputing,2014,139:84-96.

［13］　Hubel D H, Wiesel T N. Receptive fields, binocular interaction and functional architecture in the cat's visual cortex[J]. Journal of Physiology, 1962,160(1):106-154.

[14] Goodfellow I J,Pouget-Abadie J,Mirza M,et al. Generative adversarial nets [C]// International Conference onNeural Information Processing Systems. MIT Press,2014:2672-2680.

[15] Radford A, Metz L, Chintala S. Unsupervised representation learning with deep convolutional generative adversarial networks[EB/OL]. [2016-01-07].

[16] Zeiler M D, Taylor G W, Fergus R. Adaptive deconvolutional networks for mid and high level feature learning[C]// International Conference on Computer Vision. IEEE Computer Society,2011:2018-2025.

[17] Li Y,Fan C,Li Y,et al. Improving deep neural network with multiple parametric exponential linear units[J]. Neurocomputing,2018,301:11-24.

[18] Ioffe S,Szegedy C. Batch normalization:Accelerating deep network training by reducing internal covariate shift [J]. arXiv preprint arXiv:1502.03167,2015.

[19] 庞璐璐,李从利,罗军. 数字图像质量评价技术综述[J]. 航空电子技术,2011,42(02):31-35+54.

[20] 李从利,薛松,陆文骏,等. 雾天条件下偏振解析成像质量评价[J]. 中国图象图形学报,2017,22(3):0366-0375.

[21] Wang Z,Bovik A C,Sheikh H R,et al. Image quality assessment:From error visibility to structural similarity[J]. IEEE Trans. Image Process,2004,13(4):600-612.

[22] Hou W,Gao X,Tao D,et al. image quality assessment via deep learning[J]. IEEE Trans. Neural Netw. Learn. Syst,2014,26(6):1275-1286.

[23] Xue W, Zhang L, Mou X, et al. Gradient magnitude similarity deviation:A highly efficient perceptual image quality index [J]. IEEE Trans. Image Process,2014,23(2):684-695.

[24] Saad M A, Bovik A C, Charrier C. A DCT statistics-based blind image

quality index[J]. IEEE Signal Process. Lett,2010,17（6）:583-586.

[25] Ye P,Doermann D. No reference image quality assessment using visual code-books[J]. IEEE Trans. Image Process,2012,21(7):3129-3138.

[26] Zhang H,Huang Y,Chen X,et al. MLSIM:a multi-level similarity index for image quality assessment[J]. Signal Process. Image Commun,2013,28 (10):1464-1477.

[27] Kede M,Duanmu Z F,Wu Q B,et al. Waterloo Exploration Database:New Challenges for Image Quality Assessment Models[J]. IEEE Transactions on Image Processing,2017,26(2):1004-1016.

[28] 陆文骏,李从利,薛松. 一种用于红外侦察图像的无参考质量评价方法 [J]. 图学学报,2017,38(02):253-258.

[29] 李从利,薛松,陆文骏,等. 弹载侦察图像质量评价方法研究[J]. 兵工学报,2017,38(01):64-72.

[30] 李从利,薛松,陆文骏,等. 雾天条件下偏振解析成像质量评价[J]. 中国图象图形学报,2017,22(03):366-375.

[31] Field D J. Relations between the statistics of natural images and the response properties of cortical cells[J]. Opt. Soc. Am. A,Opt. Image Sci,1987,4 (12):2379-2394.

[32] Gao X,Gao F,Tao D,et al. Universal blind image quality assessment metrics via natural scene statistics and multiple kernel learning[J]. IEEE Trans. Neural Netw. Learn. Syst,2013,24（12）:2013-2026.

第3章
无人机图像云区检测方法

通过云检测方法得到厚云的区域掩膜是去厚云工作的首要任务和前提。现有云检测方法的对象一般是多光谱卫星数据,根据云对不同波段的反射特性,设定合适的阈值进行云检测[1],然而大多数航拍图像只有红、黄、蓝(RGB)三个通道,没有其他辅助波段信息,因此难以直接用于无人机图像的云检测。

目前使用较多的云检测方法主要有以下几种:Zhang[2]基于双边滤波算子提出逐步细化的航拍图像云检测方案,然而,双边滤波算子不适用于提取任意尺度的细节,所以当增大平滑参数进行多次迭代时,不能较好地保持边缘,会导致梯度反转等问题[3]。而且,双边滤波不能较好处理边界模糊的情况,所用到的多尺度双边滤波计算代价较高,虽然已有加速双边滤波的方法[4-5],但这些方法一般采用下采样和量化策略,不可避免地会对结果造成影响。廖斌[6]提出基于边缘敏感递归滤波的云检测方法,检测效果较好,但算法的构成过于复杂。王慧芳[7]结合 Sobel 和 LOG 算子构建云层细节图像,降低了检测错误率,但有时会对主云区旁边的薄云和半透明云区造成漏检。

无人机图像的云检测属于图像分割的范畴,尽管人们在图像分割方面已取得了大量的研究成果,但目前尚无通用的分割理论,现有算法大多数都是针对某类具体问题。由于无人机图像数据量较大、下垫面的纹理结构信息比较复杂,已有的自动图像分割方法和交互式图像分割方法均无法直接运用[6]。

本章首先介绍了图像分割的相关知识,在这些知识和前人研究的基础上,提出了一种基于阈值递归选取和引导滤波的无人机图像云检测算法,为后面的去厚云处理奠定基础。

3.1　经典图像分割算法

图像分割就是把图像分成若干个特定的、具有独特性质的区域并提出感兴趣目标的技术和过程,是由图像处理到图像分析的关键步骤。现有的图像分割方法主要分以下几类:基于阈值的分割方法、基于区域的分割方法、基于边缘的分割方法以及基于特定理论的分割方法等[8]。在以上众多的图像分割算法当中,其中阈值分割算法以其简单、高效、便于理解等特性而得到了广泛的研究与应用,如用于历史文本图像、手写稿图像、计算机文本扫描图像分割,图像缺陷检测,医学领域中细胞图像分割等。现有阈值分割算法其中最为经典算法主要有 Otsu 阈值分割算法、最小误差阈值分割算法和最大熵阈值分割算法,下面将分别进行简要介绍。

3.1.1　Otsu 阈值分割算法

Otsu 阈值分割算法,又称最大类间方差法和大津法,是日本学者大津于

1970 年提出的一种全局阈值分割算法,该方法的原理是在最小二乘法原理的基础上将图像在一维空间内根据其灰度特征分割成目标和背景两部分[9]。因 Otsu 算法对一般图像的分割效果良好,现已成为一种经典的自动图像分割算法。

设有一副灰度图像 F,其灰度级为 L,图像总像素数为 N,则可以得到灰度级为 i 的像素点 n_i 出现的概率为

$$P_i = \frac{n_i}{N} \tag{3.1}$$

用阈值 t 按灰度级将图像分成 C_0 和 C_1 两类:

$$F(x,y) = \begin{cases} C_0, & i < t \\ C_1, & i \geq t \end{cases} \tag{3.2}$$

式中:C_0 和 C_1 分别为目标和背景。C_0 和 C_1 出现的比例分别为 $p_b(t) = \sum_{i=0}^{t} p_i$ 和 $p_f(t) = \sum_{i=i+1}^{L-1} p_i$,则它们的均值分别为

$$\mu_b(t) = \frac{\sum_{i=0}^{t} ip_i}{p_b(t)} \tag{3.3}$$

$$\mu_f(t) = \frac{\sum_{i=0}^{t} ip_i}{p_f(t)} \tag{3.4}$$

图像的灰度平均值为

$$\mu = \sum_{i=0}^{L-1} ip_i \tag{3.5}$$

可得目标和背景的类间方差为

$$\sigma_B^2(t) = p_b(t) [\mu_b(t) - \mu]^2 + p_f(t) [\mu_f(t) - \mu]^2$$
$$= p_b(t) [1 - p_b(t)] [\mu_b(t) - \mu_f(t)]^2 \tag{3.6}$$

$\sigma_B^2(t)$ 越大,说明目标和背景的像素差别越大,分离效果越好,当 $\sigma_B^2(t)$ 取值最大时的 t 值就是图像分割的最佳阈值,即

$$t^* = \arg \left\{ \max_{0 \leqslant t \leqslant L-1} \sigma_B^2 \right\} \qquad (3.7)$$

3.1.2　最小误差阈值分割算法

最小误差阈值分割算法是 Kittler 等[10]于 1970 年提出的,首先假设背景和目标的分布 $p(x \mid i)$ 都服从 $N_i(u_i \mid d_i^2)$ 的正态分布:

$$p(x \mid i) = \frac{1}{\sqrt{2\pi}\,\sigma_i} \exp \left[-\frac{(x-\mu)^2}{2\sigma_i^2} \right] \qquad (3.8)$$

式中:$i = 0, 1$,根据最小分类误差思想,最小误差的目标函数 $J(t)$ 定义为

$$J(t) = 1 + \omega(t) \cdot \log \frac{\sigma_0^2}{[\omega(t)]^2} + [1 - \omega(t)] \cdot \log \frac{\sigma_1^2}{[1 - \omega(t)]^2} \qquad (3.9)$$

式中:$\omega(t)$ 为背景累计概率;σ_0^2 为背景方差估计;σ_1^2 为目标方差估计。

最佳阈值可定义为

$$t^* = \arg \left\{ \min_{0 \leqslant t < L} J(t) \right\} \qquad (3.10)$$

3.1.3　最大熵阈值分割算法

熵是一种统计测量方法,用以确定随机数据源中所包含的信息数量,在图像处理中可以理解为图像信息的多少。例如,包含 N 个像素的图像,可以解释为包含 N 个符号的信息,每一个符号的值都独立获取有限范围 $K(0 \sim 255)$ 中的不同灰度值。其数学定义表述为

$$H = -\int_{-\infty}^{+\infty} p(x) \log [p(x)] \mathrm{d}x \qquad (3.11)$$

式中:$p(x)$ 为灰度 x 出现的频率;H 为信息熵。

Kapur 等于 1985 年提出最大熵阈值分割算法[11],利用图像熵为准则进行图像分割。首先给定一个特定的阈值 t,此时图像被分为背景和目标两部分,分别计算它们中每一灰度值出现的概率 $p(i)$,则目标和背景像素的累计概率分别为

$$P_0(q) = \sum_{i=0}^{q} p(i) = P(q) \tag{3.12}$$

$$P_1(q) = \sum_{i=q+1}^{K-1} p(i) = 1 - P(q) \tag{3.13}$$

其中 $P_0(q) + P_1(q) = 1$，目标和背景的熵分别为

$$H_0(q) = -\sum_{i=0}^{q} \frac{p(i)}{P_0(i)} \cdot \log\left(\frac{p(i)}{P_0(i)}\right) \tag{3.14}$$

$$H_1(q) = -\sum_{i=q+1}^{K-1} \frac{p(i)}{P_1(i)} \cdot \log\left(\frac{p(i)}{P_1(i)}\right) \tag{3.15}$$

遍历阈值 t 从 0 到 255，当总熵达到最大时的 t 值即为最优阈值，即

$$t^* = \arg\{\max[H_0(q) + H_1(q)]\} \tag{3.16}$$

3.2　基于阈值递归选取和引导滤波的云区检测方法

这里提出一种基于阈值递归选取和引导滤波的无人机图像云检测算法。首先采用改进的转换模型将无人机图像从 RGB 颜色空间转换到 HSI（H，hue，色调；S，saturation，饱和度；I，intensity，亮度）空间，得到云区显著图作为下一步阈值选择的输入图像，拉大云区和非云区的差异；然后基于最大类间、类内方差比法对云区显著图进行阈值递归选择，综合航拍图像中云区的统计特征，得到初始云区；最后利用引导滤波优化薄云检测，通过形态学闭运算修正小型孔洞得到最终云区。实验表明，该算法结果较好地检测出了薄云和半透明云区，更接近于人眼实际观测结果。

3.2.1　初步云区检测

1. 构建云区显著图

由于 HSI 色彩空间最符合人的视觉系统感知，因此首先将无人机图像

60

从 RGB 色彩空间转换到 HSI 空间。根据大量统计[2]，在亮度 I 分量上赋以权重，对传统的几何推导转换公式作以改进，设

$$\theta = \arccos\left[\frac{(R-G)+(R-B)}{2\sqrt{(R-G)^2+(R-B)(G-B)}}\right] \tag{3.17}$$

式中：R、G、B 对应红、黄、蓝三个通道的像素值。则 HSI 的计算公式为

$$H=\begin{cases}\theta,\ G\geq B\\2\pi-\theta,\ G<B\end{cases} \tag{3.18}$$

$$S=1-\frac{3\left[\min(R,G,B)\right]}{R+G+B} \tag{3.19}$$

$$I=0.30R+0.59G+0.11B \tag{3.20}$$

式中：H、S、I 对应色调、饱和度和亮度。

因为无人机图像中的云区一般亮度 I 较高，饱和度 S 较低，为了突出云区和非云区的差异，计算二者的归一化差值 $P=|(I-S)/(I+S)|$，然后将其值归一化到 $[0,255]$，作为下一步阈值选择方案的输入图，如图 3.1 所示。可以看出，P 特征在强化主云区的同时，较好地保持了薄云区域的边界。

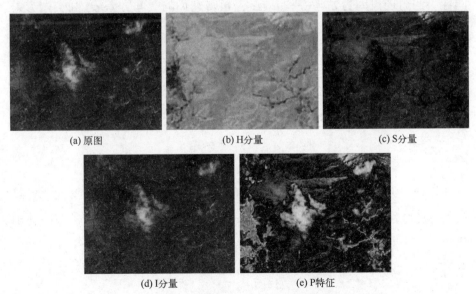

  (a) 原图　　　　　　　　(b) H 分量　　　　　　　　(c) S 分量

     (d) I 分量　　　　　　　　(e) P 特征

图 3.1　航拍图像的不同光谱特征

2. 阈值递归选取

基于 P 特征图,选择合适的阈值即可初步分割云区和非云区,一般采用基于最大类间方差的 Otsu 方法,但该方法没有考虑到类内方差的影响,所得的阈值会有一定的偏差,为了避免这一问题,我们提出基于最大类内、类间方差比的递归阈值选取方法。

首先给定一个初始阈值,将图像分成 C_1 和 C_2 两类,计算它们的方差 σ_i^2、灰度均值 μ_i^2 和总体均值 μ:

$$\sigma_i^2 = \sum_{(x,y) \in C_1} (f(x,y) - u_i)^2 \qquad (3.21)$$

$$\mu_i^2 = \frac{1}{N_{c_i}} \sum_{(x,y) \in C_i} f(x,y) \qquad (3.22)$$

$$\mu = \frac{1}{N} \sum_{i=0}^{255} \sum_{j=0}^{255} f(x,y) \qquad (3.23)$$

式中:N_{c_i} 为属于该类的像素值个数;N 为图像的整体像素个数。两类对象在图像中的出现概率为 $p_1 = \frac{N_{c_1}}{N}$ 和 $p_2 = \frac{N_{c_2}}{N}$,可得它们的类间方差 σ_b^2 和类内方差 σ_{in}^2 分别为

$$\sigma_b^2 = p_1 \cdot (\mu_1 - \mu)^2 + p_2 \cdot (\mu_2 - \mu)^2 \qquad (3.24)$$

$$\sigma_{in}^2 = p_1 \cdot \sigma_1^2 + p_2 \cdot \sigma_2^2 \qquad (3.25)$$

则选择的阈值 T 的计算公式为

$$T = \arg \max \left(\frac{\sigma_b^2}{\sigma_{in}^2} \right) \qquad (3.26)$$

把初步云区与非云区的类间方差和面积差作为递归的结束条件[6]。设第 i 次递归后,云区面积和非云区面积分别为 A_{i0} 和 A_{i1},可得二者的归一化面积差:

$$\Delta A_i = \left| \frac{A_{i1} - A_{i0}}{A_{i1} + A_{i0}} \right| \qquad (3.27)$$

可以看出,随着递归的进行,ΔA_i 会逐渐增大,而类间方差 σ_{bi}^2 则逐渐减小,基

于此认识设定结束参数 E_i:

$$E_i = \frac{\Delta A_i}{\sigma_{bi}^2}$$ (3.28)

设结束参数为 E,当 $E_i \geqslant E$ 时,结束递归。若 E 值设置过大,会导致云区检测成非云区;若 E 值设置过小,则会出现云区检测不彻底的情况。经文献[6]大量实验分析,$E = 0.52$ 时检测效果最好。

基于 P 特征图,定义初步云区如下:如果 P 特征图中像素点 n 满足:当 $T \leqslant 100$ 时,$P_n \geqslant 100$;或当 $100 \leqslant T \leqslant 150$ 时,$P_n \geqslant T$;或当 $T \geqslant 150$ 时,$P_n \geqslant 150$。满足以上条件的像素点的集合即为初步云区。

另外,文献[2]在统计了 500 张航拍图像的亮度和色调分布后发现:航拍图像中云的色调值几乎都在 $[50,80]$ 内,且 95% 的云像素的亮度值都不小于 100。基于此认识,去除初步云区中不满足上述条件的像素点,优化初步云区,得到初步云检测结果,并作为下一步细化云检测的输入图像。

3.2.2　细化云检测

通过初步云检测一般能得到视觉上比较容易辨认的云区,对于薄云和半透明云区检测,这里引入引导滤波处理这一问题。

1. 引导滤波优化薄云检测

经大量实验数据统计发现:薄云的亮度值约为厚云的 30%~50%[12],且薄云一般出现在主云区附近,同时伴有半透明云区的出现,可能会出现漏检现象,我们通过引导滤波优化薄云的检测效果。

引导滤波由何恺明等[13]提出,因其良好的视觉效果、执行速度快和便于实施的优点,在研究和工业上应用广泛,已经被 Matlab 和 OpenCV 集成为官方自带函数。引导滤波的定义用到了局部线性模型,该模型认为函数上一点与其邻近部分的点呈线性关系,如图 3.2 所示。那么一个复杂的函数就可以用很多局部的线性函数表示,当要求该函数上某一点的值时,只需计算所有包含该点的线性函数的值并做平均即可。

图 3.2　局部线性模型

引导滤波假设函数的输出 q 与输入 I 在一个二维窗口 w_k 内满足局部线性关系,即

$$q_i = a_k I_i + b_k, \ \forall i \in w_k \tag{3.29}$$

式中:a_k 和 b_k 为常量。对式(3.29)求两边求梯度可得 $\nabla q = a \nabla I$,所以当输入图像 I 有梯度时,q 也有梯度,这也是引导滤波为什么有保边特性的原因。

假设 q 是 p 去除噪声或者纹理之后的图像:

$$q_i = p_i - n_i \tag{3.30}$$

式中:n_i 为噪声。

我们希望拟合函数的输出值 q 与真实值 p 之间的差距最小,也就是让下式最小:

$$E(a_k, b_k) = \sum_{i \in w_k} ((a_k I_i + b_k - p_i)^2 + \lambda a_k) \tag{3.31}$$

式中:λ 为一个值小于 1 的规则化参数。通过最小二乘法,可以得到式(3.31)的最优解为

$$a_k = \frac{\dfrac{1}{|w|} \sum_{i \in w_k} I_i p_i - \mu_k \bar{p}_k}{\sigma_k^2 + \lambda} \tag{3.32}$$

$$b_k = \bar{p}_k - a_k \mu_k \tag{3.33}$$

式中：μ_k 和 σ_k^2 分别为窗口 w_k 中图像 I 的平均值和方差；$\bar{p}_k$ 为窗口 w_k 中 p 的平均值，计算公式为 $\bar{p}_k = \dfrac{1}{|w|} \sum\limits_{i \in w_k} p_i$，$|w|$ 是窗口 w_k 中像素的数量。在计算每个窗口的线性系数时，一个像素可能会被多个窗口包含，也就是说，每个像素都由多个线性函数所描述，由前面介绍的局部线性模型可知，此时只需计算所有包含该点的线性函数的值并做平均即可，则可得

$$
\begin{aligned}
q_i &= \frac{1}{|w|} \sum_{k: i \in w_k} (a_k I_i + b_k) \\
&= \bar{a}_i I_i + \bar{b}_i
\end{aligned}
\tag{3.34}
$$

式中：w_k 为所有包含像素 i 的窗口，k 是其中心位置，$\bar{a}_i = \dfrac{1}{|w|} \sum\limits_{k \in w_i} a_k$，$\bar{b}_i = \dfrac{1}{|w|} \sum\limits_{k \in w_i} b_k$。

引导滤波和双边滤波都具有保边特性，不同的是，引导滤波可以很容易设计一个与滤波半径无关的优化算法，其中窗口半径为平滑半径，参数为平滑项参数，其值越大平滑的越明显。我们采用快速引导滤波[14]加速传统引导滤波的计算过程，将 3.2.1 节得到的初步云区作为输入图像，原始航拍图像为引导图像，设置窗口半径为 60，规则化参数为 0.001，采样率为 15，得到的输出图像如图 3.3 所示，可以看出细致云检测对薄云的检测效果更为理想，检测出了初步云检测没有识别到的云区，降低了漏检率。

2. 形态学运算

从图 3.3（d）可以看出，细致云检测结果存在一些小型孔洞和琐碎细节，本节利用形态学运算处理这一问题。形态学运算是基于形状的一系列图像处理操作，通过将结构元素作用于输入图像来产生输出图像。

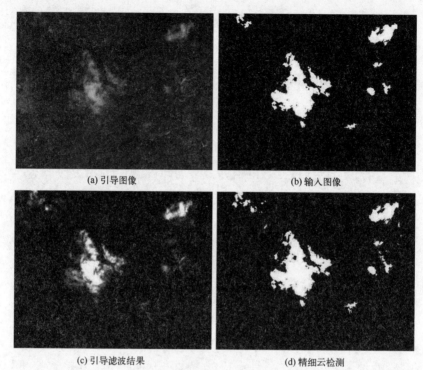

(a) 引导图像   (b) 输入图像

(c) 引导滤波结果   (d) 精细云检测

图 3.3   引导滤波优化薄云检测

    基本的形态学运算是膨胀和腐蚀,膨胀运算能填充边缘或 0 像素内部的孔,腐蚀运算能提取骨干信息,去掉孤立的 0 像素。对于本书情况,采用先膨胀后腐蚀(闭运算)的操作去掉云掩膜中的小型孔洞,得到最终的云检测结果,如图 3.4 所示。

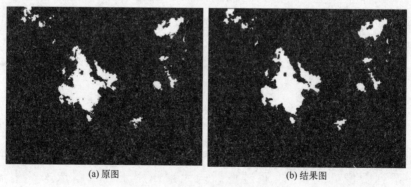

(a) 原图   (b) 结果图

图 3.4   形态学闭运算操作

3.3　性能评价

为了验证本章算法[15]的效果,以文献[2]和文献[7]作为对比算法,选取文献[2]提供的数据库中的两幅图像作为实验图像进行对比实验,尺寸分别为 600×400 和 1024×768,检测结果如图 3.5、图 3.6 所示。同时,我们还选取了一张实拍图像进行实验,实拍图像为江西省某地域图像,因为原图尺寸过大,截图到 427×300 像素进行实验,结果如图 3.7 所示。

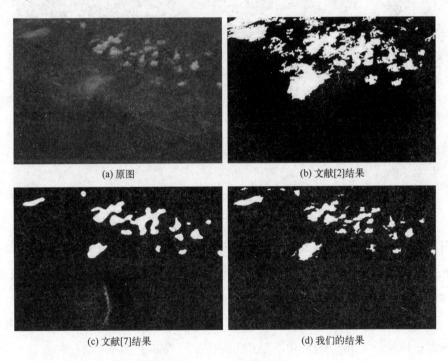

(a) 原图　　　　　　　　　　　　　(b) 文献[2]结果

(c) 文献[7]结果　　　　　　　　　　(d) 我们的结果

图 3.5　第一组云检测对比

在图 3.5 中,文献[2]的结果出现大量的错检情况,文献[7]则错误地把本为独立的团云连接起来,且存在部分漏检现象,我们算法的检测精度更高;在图 3.6 中,文献[2]的下半部分结果还比较令人满意,但在顶部出现大

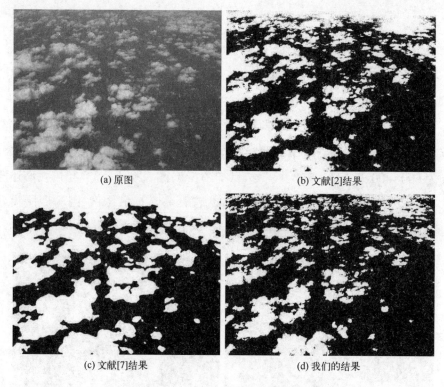

(a) 原图   (b) 文献[2]结果

(c) 文献[7]结果   (d) 我们的结果

图 3.6　第二组云检测对比

面积黏连,文献[7]的检测结果比较粗糙,相比而言,我们算法的结果更为精细;在图 3.7 的实拍图像对比实验中,文献[2]出现大量错检情况,尤其是把图像左侧的裸地错检为云区,文献[7]对主云区旁边的薄云和半透明云区出现漏检,我们算法则准确地检测到了薄云和半透明区域。综上,在视觉主观评价上,我们的算法优于对比算法。

为了进一步客观衡量本章算法的有效性,采用错误率(Error Rate,ER)作为评价指标定量分析各个算法的精确度,公式如下:

$$ER = \frac{CN+NC}{PN} \tag{3.35}$$

式中:CN 为被漏检的云像素;NC 为误检为云的非云像素;PN 为图像的像素总数,结果如表 3.1 所列。可以看出,本章算法在错误率上的表现皆优于对比算法。

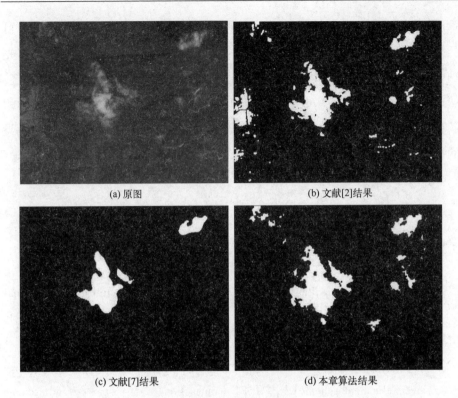

(a) 原图　　　　　　　　　　　　　　(b) 文献[2]结果

(c) 文献[7]结果　　　　　　　　　　(d) 本章算法结果

图 3.7　实拍图像云检测对比

表 3.1　不同算法的错误率对比

图 像 编 号	尺　　寸	错误率/%		
		文献[2]	文献[7]	本算法
图 3.5	600×400	10. 65	5. 36	4. 82
图 3.6	1024×768	7. 34	8. 86	5. 34
图 3.7	427×300	8. 03	8. 43	4. 56

3. 4　本章小结

对于无人机图像中的云检测问题,本章研究分析了 3 种经典阈值分割算法,在此基础上提出一种基于阈值递归选取和引导滤波的云检测方法,目的是解决现有航拍图像云检测算法中容易发生的漏检和误检测问题。首先结合基于递归的最大类内、类间方差比法和前人的统计特征得到初始云区,然后采用引导滤波进一步细化薄云和半透明云的检测,最后利用形态学闭运算排除了云区掩膜的小型孔洞,实验结果具有较低的错误率,更符合人类的视觉观测效果。

参考文献

[1] Kang X, Li S, Benediktsson J A. Spectra spatial hyperspectral image dassification with edgrpreserving Fihering[J]. IEEE Trans. onGeosceuce and Remote Sensing,2014,52(5):2666-2677.

[2] Zhang Q, Xiao C. Cloud detection of RGB color aerial photographs by progressive refinement scheme[J]. IEEE Transactions on Geoscience and Remote Sensing,2014,52(11):7264-7275.

[3] Farbman Z, Fattal R, Lischinski D, et al. Edge-preserving decompositions for multi-scale tone and detail manipulation[C]//ACM Transactions on Graphics (TOG). ACM,2008,27(3):67.

[4] Yang Q, Tan K H, Ahuja N. Real-time O (1) bilateral filtering[C]//Computer Vision and Pattern Recognition,2009. CVPR 2009. IEEE Conference on. IEEE,2009:557-564.

[5] Paris S, Durand F. A fast approximation of the bilateral filter using a signal processing approach [C]//European conference on computer vision. Springer, Berlin, Heidelberg,2006:568-580.

[6] 廖斌,付忠旺. 基于边缘敏感递归滤波的彩色航拍图像云检测[J]. 系统工程与电子技术,2010,37(12):2879-2886.

[7] 王慧芳,张瑞珏,匡娇娇,等. 航拍图像逐步细化的云检测方法[J]. 武汉

大学学报(理学版),2016,62(6):525-530.

[8]　龙建武. 图像阈值分割关键技术研究[D]. 长春:吉林大学,2014.

[9]　Otsu N. A threshold selection method from gray-level histograms[J]. IEEE transactions on systems,man,and cybernetics,1979,9(1): 62-66.

[10]　Kittler J,Illingworth J. Minimum error thresholding[J]. Pattern recognition, 1986,19(1): 41-47.

[11]　Kapur J N,Sahoo P K,Wong A K C. A new method for gray-level picture thresholding using the entropy of the histogram[J]. Computer vision,graphics,and image processing,1985,29(3): 273-285.

[12]　谭凯,张永军,童心,等. 国产高分辨率遥感卫星影像自动云检测[J]. 测绘学报,2016,45(5): 581-591.

[13]　He K,Sun J,Tang X. Guided image filtering[J]. IEEE transactions on pattern analysis and machine intelligence,2013,35(6): 1397-1409.

[14]　He K,Sun J. Fast Guided Filter[EB/OL]. https://arxiv.org/abs/1505.00996, 2015-05-05.

[15]　张思雨. 基于阈值递归选取和引导滤波的航拍图像云检测[J]. 计算机与数字工程,2019,47(12):3173-3176+3202.

[16]　柳婷. 单幅雾天无人机影像清晰化技术研究[D]. 重庆:重庆大学,2015.

[17]　范郁锋,曹永锋. 基于暗原色先验的无人机遥感图像去雾算法[J]. 现代计算机,2015(11):46-49.

第**4**章
无人机图像云浓度分级

　　无人机图像具有整体的色彩基调保持稳定,景深变化一般不大的特点[1-2],云的分布不像雾一样均匀,其形态的多样性(三族、十属、二十九类)给无人机图像去云工作带来了很多困难。所以先对含云影像进行质量分析进而尝试进行浓度分级,为后续的薄云和厚云区分提供自动化手段。

　　目前国内外对无人机影像含云浓度分级的研究较少,还没有较为完备的成果。吴峰等[3]对遥感图像进行 n 层小波分解以区分云雾和景物,然后将高层细节系数重构图的暗通道图进行加权归一化后得到表征云雾厚度的云层系数,但没有给出直观的评价分数和等级;黄宇晴等[4]基于 k-means 算法判断雾的浓度级别,但没有研究算法对云的适用性。受 L. K. Choi 等[5]对雾浓度的无参考预测研究的启发,针对无人机含云图像实际,旨在寻找一个基于质量评判的含云影像分级模型。

通过对分析无人机含云图像的自然场景统计(Natural Scene Statistics, NSS)和图像结构特征,构建含云影像评价模型,考虑到人观察图像时更侧重于中间位置的特点,将图像等分成9块(去除多余像素),分块求取每块的评价分数,加权得到最终评价分数,最后根据评分划分云浓度等级,也算是一个较为新颖的尝试。

4.1　含云图像特征提取

在空间域中,Ruderman[6]发现:从自然图像中去除局部均值和归一化无偏图像的局部方差具有去相关和高斯效应。公式表示如下:

$$I_{MSCN}(i,j) = \frac{I_{gray}(i,j) - \mu(i,j)}{\sigma(i,j) + 1} \tag{4.1}$$

$$\mu(i,j) = \sum_{k=-K}^{K} \sum_{l=-L}^{L} \omega_{k,l} I_{gray}(i+k, j+l) \tag{4.2}$$

$$\sigma(i,j) = \sqrt{\sum_{k=-K}^{K} \sum_{l=-L}^{L} \omega_{k,l} \left[I_{gray}(i+k, j+l) \right]^2} \tag{4.3}$$

式中:$i \in \{1,2,\cdots,M\}$,$j \in \{1,2,\cdots,N\}$,M 和 N 是图像维数;$\omega = \{w_{k,l} \mid k = -K,\cdots,K, l=-L,\cdots,L\}$ 为二维循环对称高斯权重函数,定义 $k=l=3$;I_{gray} 为自然图像 I 的灰度图。自然图像的平均差分和对比归一化统计因子(Mean Subtracted Contrast Normalized,MSCN)值接近于单位正常的高斯性和高度相关,然而失真图像则趋于远离[7],将此结论运用于含云图像进行实验,发现同样适用。将式(4.1)得到的特征参量记作 f_1。

上述的 MSCN 在垂直方向上相邻的两个因子存在一定的规律性,由式(4.1)得到垂直方向上相邻两个因子的乘积

$$I_{Vpair\_MSCN}(i,j) = I_{MSCN}(i,j) \cdot I_{MSCN}(i+1,j) \tag{4.4}$$

由式(4.4)得到一对特征参量,记作 f_2、f_3。

由式(4.3)得到的局部标准差 $\sigma(i,j)$ 是图像结构信息的一个重要的描

述因子,可以用来量化局部锐度。然而这个因子是随着式(4.2)中的局部方差 $\mu(i,j)$ 的变化而变化的,可以得到二者的变异系数,测量归一化离差。

$$\xi(i,j) = \frac{\sigma(i,j)}{\mu(i,j)} \tag{4.5}$$

$\sigma(i,j)$ 和 $\xi(i,j)$ 可作为图像结构的两个特征,分别记作 f_4、f_5。

因为含云图像较清晰图像会缺少细节,所以可以用图像熵作为描述特征

$$IE(I) = -\sum_{\forall i} p(h_i) \log[p(h_i)] \tag{4.6}$$

记为 f_6,式中 $p(h_i)$ 是像素亮度 h_i 的概率,从归一化直方图估计得到[8]。

综上所述,我们提取的图像特征参量如表4.1所列。

表4.1 特征参量及其公式表述

编　号	特征参量	计算公式
f_1	MSCN 参量	(4.1)
f_2、f_3	垂直方向上的 MSCN 参量对	(4.4)
f_4	图像锐度	(4.3)
f_5	图像锐度的变异系数	(4.5)
f_6	图像熵	(4.6)

4.2　含云图像评价算法模型

4.2.1　多元高斯模型和马氏距离

多元高斯(Multi-variate Gaussian,MVG)模型可以聚合上述特征,运用

马氏距离建立评价模型。分别测试含云图像集和清晰图像集,计算二者统计规律的偏差,定义每个对应的偏差为含云度和清晰度,其比例即表明云密度。比例法体现了含云图像和清晰图像的统计特征的区别,因此相比单独用含云度可以更好地评价含云图像。

MVG 的计算公式为

$$\mathrm{MVG}(f) = \frac{1}{(2\pi)^{d/2} |\boldsymbol{\Sigma}|^{1/2}} \exp\left[-\frac{1}{2} (f-v)^t \boldsymbol{\Sigma}^{-1}(f-v) \right] \quad (4.7)$$

式中:d 为维数;f 为表 4.1 中的图像特征参数;v 和 $\boldsymbol{\Sigma}$ 分别为均值和 d 维协方差矩阵;$|\boldsymbol{\Sigma}|$ 和 $\boldsymbol{\Sigma}^{-1}$ 为 MVG 模型密度的行列式和逆矩阵。均值和协方差矩阵用标准极大似然估计得到[9]。

马氏距离是一种有效的计算两个未知样本集的相似度的方法,其独立于测量尺度,计算公式为

$$D_f(\boldsymbol{\nu}_1, \boldsymbol{\nu}_2, \boldsymbol{\Sigma}_1, \boldsymbol{\Sigma}_2) = \sqrt{(\boldsymbol{\nu}_1 - \boldsymbol{\nu}_2)^t \left(\frac{\boldsymbol{\Sigma}_1 + \boldsymbol{\Sigma}_2}{2} \right)^{-1} (\boldsymbol{\nu}_1 - \boldsymbol{\nu}_2)} \quad (4.8)$$

式中:$\boldsymbol{\nu}_1$、$\boldsymbol{\nu}_2$、$\boldsymbol{\Sigma}_1$、$\boldsymbol{\Sigma}_2$ 分别为清晰图像库和测试图像库 MVG 模型的均值向量和协方差矩阵。

含云图像的含云度 D_f,可以由含云图像中提取的统计特征的 MVG 模型和清晰图像库特征的 MVG 模型二者的马氏距离得到。同样地,含云图像的清晰度 D_{ff},可由含云测试图像中提取的统计特征 MVG 模型和含云图像库特征 MVG 模型二者的马氏距离得到。

最后,得到含云图像含云度 D 的计算公式

$$D = \frac{D_f}{D_{ff}+1} \quad (4.9)$$

式中常数 1 用来防止分母过小,因为 D_f 和 D_{ff} 均为非零正实数,所以 D 值大于 0,值越小,含云越少。

4.2.2 算法流程

综上所述,本章算法模型流程图如图 4.1 所示,算法描述如下:

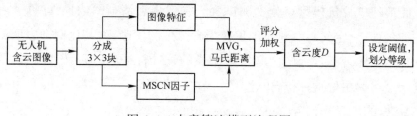

图 4.1 本章算法模型流程图

（1）图像分块,将图像分成 3×3 块,去除多余像素。

（2）用式(4.1)和式(4.3)~式(4.6)获取 MSCN 因子和图像特征。

（3）MVG 聚合上述特征,用马氏距离建立评价模型。

（4）对 3×3 图像块进行分块加权处理,得到含云度 D。

（5）对含云度进一步处理,进行含云度等级划分。

4.3　性能评价

本章实验是在 64 位 Windows 10 操作系统、2.6GHz Intel Core i5 3230M CPU、内存为 8GB 的笔记本下的 Matlab R2016a 为实验环境下进行的。测试图像库从大疆创新科技有限公司官网获得,共 169 张,其中清晰图像 78 张,含云图像 91 张,种类较为分散,包含自然景观和城市景观。由 6 名年龄在 21~35 岁之间,有一定图像基础知识的评分人员对测试图像库进行评分,得到平均主观得分差异(DMOS),其值越低表示图像质量越好,范围为 $[0,10]$。

人在观察图像时总是主观地倾向于图像的中间位置,基于这一知识,将测试图像分成 3×3 块,对中间块赋予较高的权值,依次代入模型进行评分。实验证明,中间块权值过高会影响算法的主客观一致性,对其赋予权值 0.2,其他 8 块赋予权值 0.1,最贴合主观评价,一致性最高。

4.3.1　主客观一致性实验

分别采用本章算法和其他 5 种经典无参考图像质量评价算法（QAC[10]、BIQI[11]、BRISQUE[12]、NIQE[13]、BLIINDS-Ⅱ[14]）对测试图像库进行评分,然后与 DMOS 评分结果进行拟合,越贴近表示主客观一致性越好。用均方误差（RMSE）、斯皮尔曼相关系数（SROCC）和皮尔森相关系数（LCC）这三个指标来量化评价算法的性能。其中 SROCC 主要评价 DMOS 和算法评分的等级相关性,反映了一致性,LCC 和 RMSE 反映了算法的准确性。LCC 和 SROCC 值越大,算法和 DMOS 的相关性越高,RMSE 值越小,模型的误差越小。5 种评价算法和我们的评价算法的对比结果如表 4.2 所列,本章算法的预测值和 DMOS 拟合的散点图如图 4.2 所示。

表 4.2　各种算法对比结果

算　法	SROCC	LCC	RMSE
QAC	0.5028	0.4682	1.8184
BIQI	-0.144	0.402	1.8843
BRISQUE	-0.2191	0.5324	1.742
NIQE	0.3744	0.4517	1.836
BLIINDS-Ⅱ	-0.0018	0.2121	2.0111
本章算法	0.9134	0.8794	0.9797

从表 4.2 可以看出:①除本章算法外其他算法的结果都比较差,这是因为传统的无参考图像质量评价算法对含云影像不适用;②本章算法相比其他 5 种算法,SROCC 和 LCC 均为最大值,RMSE 为最小值,验证了算法的准确性和主客观一致性。图 4.2 中散点图的拟合收敛度也可反映本章算法的优良性质。

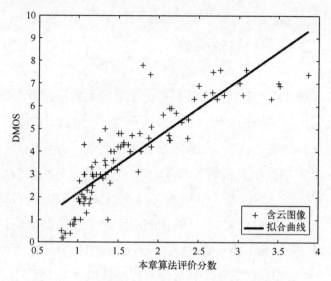

图4.2　本章算法评价分数和 DMOS 对比散点图

4.3.2　含云浓度分级划分

目前,在无人机影像含云浓度划分研究上,还没有较为成熟的划分指标。根据含云图像客观情况和主观评分,将去云难度作为评价指标,对算法评分主观划定阈值,设定三个云浓度等级,如表4.3所列。其中薄云和中薄云是可以去除的,厚云的去除是学者们特别关注的问题,虽然在卫星遥感图像上取得了很多成果[15-17],但是在无人机图像上还需要进一步研究[18-19]。

表4.3　含云图像云浓度划分

含云度 D 范围	云量描述
(0~1.1]	薄云,可去除
(1.1~1.6]	中薄云,可部分去除
>1.6	厚云,较难去除

4.3.3　其他相关实验

考虑到不同窗口大小可能对质量评价结果的影响,分别选取 4×4 像素、8×8 像素、16×16 像素、32×32 像素、64×64 像素、128×128 像素的窗口大小重复实验,计算其 LCC 和 SROCC,如表 4.4 所列。

表 4.4　不同窗口大小的 LCC 和 SROCC 参数

评价参数	4×4 像素	8×8 像素	16×16 像素	32×32 像素	64×64 像素	128×128 像素
LCC	0.8729	0.8794	0.8754	0.8624	0.8345	0.8215
SROCC	0.9054	0.9134	0.9012	0.8821	0.8248	0.8035

可以看出当窗口大小取 8×8 像素时结果最好,同样表明了 LCC 和 SROCC 值在不同窗口大小下都能趋于稳定。当窗口大小增加到 32×32 像素时,因为局部细节损失,所以结果开始逐渐变差。

我们还对算法耗时和其他 5 种经典质量评价算法比较,测试同一幅尺寸为 1200×900 像素的图像,运行时间如表 4.5 所列。

表 4.5　各种算法耗时对比

算 法	耗时/s
QAC	1.3
BIQI	0.9
BRISQUE	1.2
NIQE	2.0
BLIINDS-Ⅱ	51.4
本章算法	1.8

从表 4.5 可以看出,本章算法评价一幅尺寸为 1200×900 像素的图像耗时 1.8s,略高于 QAC、BIQI、BRISQUE,但明显低于 BLIINDS-Ⅱ 和 NIQE,运行效率较高。

4.4　本章小结

随着无人机技术在军事侦察、遥感测绘、土地规划等领域的广泛应用，其云量判别及质量评价工作变得尤为重要。本章采用 MVG 模型聚合 MSCN 和相关图像特征因子，得到无人机含云影像质量评价模型，通过和实验图像库的 DMOS 值对比，验证了模型较高的准确性和主客观一致性，最后给出了云浓度划分阈值，为以后的无人机影像去云工作提供了一定基础。下一步将采用更多相关的图像特征完善评价模型，云在图像中位置和形态对评价模型的影响也是未来的研究内容。

参考文献

[1] 杨靖宇,张永生,邹晓亮,等．利用暗原色先验知识实现航空影像快速去雾[J]．武汉大学学报(信息科学版),2010,35(11):1292-1295.

[2] 李方,王好贤,毛兴鹏,等．单一图像的快速去雾算法[J]．计算机工程与设计,2011,32(12):4129-4132.

[3] 吴峰,朱锡芳,华国栋,等．基于云层系数的遥感图像去云雾算法[J]．光学技术,2015,41(5):419-424.

[4] 黄宇晴,丁文锐,李红光．基于图像增强的无人机侦察图像去雾方法[J]．北京航空航天大学学报,2017,43(3):592-60.

[5] Choi L K,You J,Bovik A C. Referenceless Prediction of Perceptual Fog Density and Perceptual Image Defogging[J]. IEEE Transactions on Image Processing A Publication of the IEEE Signal Processing Society,2015,24(11):3888-3901.

［6］ Ruderman D L. The statistics of natural images［J］. Network Computation in Neural Systems,1994,5(4):517-548.

［7］ Mittal A,Moorthy A K,Bovik A C. No-reference image quality assessment in the spatial domain［J］. IEEE Transactions on Image Processing,2012,21 (12):4695-4708.

［8］ Shannon C E. A mathematical theory of communication［J］. Acm Sigmobile Mobile Computing & Communications Review,1948,5(3):379-423.

［9］ Duda R O,Hart P E,Stork D G. Pattern Classification : Pt. 1 Pattern Classification［M］. New Jersey:Wiley,2012.

［10］ Xue W,Zhang L,Mou X. Learning without Human Scores for Blind Image Quality Assessment［C］// IEEE Conference on Computer Vision and Pattern Recognition. IEEE Computer Society,2013:995-1002.

［11］ Moorthy A K,Bovik A C. A two-step framework for constructing blind image quality indices ［J］. IEEE Signal Processing Letters, 2010, 17 (5): 513-516.

［12］ Mittal A,Moorthy A K,Bovik A C. No-Reference Image Quality Assessment in the Spatial Domain［J］. IEEE Transactions on Image Processing,2012,21 (12):4695-4708.

［13］ Mittal A,Soundararajan R,Bovik A C. Making a "Completely Blind" Image Quality Analyzer［J］. IEEE Signal Processing Letters,2013,20(3):209 -212.

［14］ Saad M A,Bovik A C,Charrier C. Blind image quality assessment: a natural scene statistics approach in the DCT domain［J］. IEEE Transactions on Image Processing A Publication of the IEEE Signal Processing Society, 2012,21(8):3339.

［15］ Liu J,Wang X,Chen M,et al. Thin cloud removal from single satellite images［J］. Optics express,2014,22(1): 618-632.

［16］ Zhang Y,Wen F,Gao Z,et al. A Coarse-to-Fine Framework for Cloud Removal in Remote Sensing Image Sequence[J]. IEEE Transactions on Geoscience and Remote Sensing,2019,57(8):5963-5974.

[17] Shao Z, Pan Y, Diao C, et al. Cloud detection in remote sensing images based on multiscale features-convolutional neural network[J]. IEEE Transactions on Geoscience and Remote Sensing,2019,57(6):4062-4076.

[18] 李从利,张思雨,韦哲,等. 基于深度卷积生成对抗网络的航拍图像去厚云方法[J]. 兵工学报,2019,40(7):1434-1442.

[19] 张思雨,李从利. 基于改进 Criminisi 算法的航拍图像厚云修复[J]. 激光与光电子学进展,2018,55(12):275-281.

第5章
无人机图像薄云雾去除

    得益于越来越多的先验知识被发现和应用，单幅图像的去雾方法取得了很大发展，其中最经典的就是 He 等[1]提出的基于暗通道先验的去雾算法。在第 2 章中提到，雾、霾对航拍图像清晰度的退化程度没有较大差异，与薄云在图像上的成像特征十分接近，因此，将它们视为是同一种图像退化现象，即去雾算法也可适用于去薄云场景。

    一般的去雾算法的针对对象多为常见的地面场景图像，我们研究的是无人机航拍图像，图像中避免不了会出现天空区域、房顶和水体等其他明亮区域，此时 He 等算法无法准确估计这些区域的透射率，导致恢复图像出现色彩失真，并且该算法在透射率求算上采用的软抠图技术涉及庞大的稀疏方程组，使得算法具有很高的时间复杂度，不具有实时性，因此不能直接适用于无人机航拍图像云雾的去除。

本章针对这两个问题对传统的暗通道先验算法进行改进,使其更适合于航拍图像的去薄云雾场景。

5.1 暗通道先验去云雾算法

5.1.1 暗通道先验

He 等在统计研究了近 5000 张户外无雾图像后提出了暗通道的定义,对于任意图像,其暗通道定义为

$$J^{\text{dark}}(x) = \min_{y \in \Omega(x)} \left(\min_{c \in \{r,g,b\}} J^c(y) \right) \qquad (5.1)$$

式中: J^c 为图像 J 的一个颜色通道; $\Omega(x)$ 为以像素 x 为中心的一个局部区域。暗通道先验是指:对绝大多数户外图像的非天空区域,至少有一个颜色通道的某些像素点的亮度非常低,且趋近于 0,即

$$J^{\text{dark}}(x) \to 0 \qquad (5.2)$$

5.1.2 大气光强度 A 估计

选取暗通道图亮度为前 0.1% 的最亮像素,这些像素通常是受云雾影响最严重、透射率最低的区域,然后在原始云雾图像中找到对应这些像素位置的最亮的像素点的值作为全局大气光强度 A。

5.1.3 透射率 $t(x)$ 估计

薄云雾的退化模型公式(2.2)可以写为

$$I(x) = J(x)t(x) + A(1-t(x)) \tag{5.3}$$

式(5.3)即大气散射模型,式中包含两项,第一项是直接衰减项,表示场景辐射度在介质中的衰减,第二项代表大气光照。$I(x)$是已有降质图像,$J(x)$是场景辐射率(也就是待恢复的清晰图像),$t(x)$是透射率,A是全局大气光强度。去云雾的目的就是通过估计参数A和$t(x)$,从这个病态方程中复原出$J(x)$。

假设透射率在每个局部都是一个常数,记为$\tilde{t}(x)$,对式(5.3)进行变形和两次最小值滤波处理,可得

$$\min_{c \in |r,g,b|}\left(\min_{y \in \Omega(x)}\frac{I^c(y)}{A^c}\right) = \tilde{t}(x)\min_{c \in |r,g,b|}\left(\min_{y \in \Omega(x)}\frac{J^c(y)}{A^c}\right) + 1 - \tilde{t}(x) \tag{5.4}$$

由暗通道先验知识可知其暗通道图像接近于 0,即

$$J^{\text{dark}}(x) = \min_{y \in \Omega(x)}\left(\min_{c \in |r,g,b|}J^c(y)\right) = 0 \tag{5.5}$$

因此,可得透射率如下:

$$\tilde{t}(x) = 1 - \min_{y \in \Omega(x)}\left(\min_{c \in |r,g,b|}\frac{I^c(y)}{A^c}\right) \tag{5.6}$$

因为受大气介质中杂质微粒的影响,即使在清晰图像中,也不是完全无云雾的,所以用常数$\omega(0 < \omega \le 1)$来使图像保留一定量的云雾:

$$\tilde{t}(x) = 1 - \omega\min_{y \in \Omega(x)}\left(\min_{c \in |r,g,b|}\frac{I^c(y)}{A^c}\right) \tag{5.7}$$

5.1.4　恢复清晰图像

在得到大气光强度和透射率估计后,结合式(5.3)可以恢复清晰图像:

$$J(x) = \frac{I(x) - A}{\max(t(x), t_0)} + A \tag{5.8}$$

为了防止透射率趋近于 0 时使恢复图像含有噪声,设定一个阈值 t_0 来保留一定的云雾,其典型取值为 0.1。

5.1.5　存在的问题

然而,暗通道先验算法也存在一些不足。由式(5.7)得到的透射率是不精确的,该方法采取软抠图对透射率进行细化,得到精确透射率来进行图像复原,但软抠图算法具有较高的时空复杂性,运行速率非常慢,后来 He 等提出的引导滤波大大加快了处理速度,但又会产生 halo 现象,不能满足航拍图像去云雾的要求;同时,天空等大面积明亮区域不满足暗通道先验条件,会使恢复图像产生色彩失真,如图 5.1 中方框区域所示。所以,直接运用传统的暗通道先验方法无法很好地处理航拍云雾图像,需要对原始模型进行改进,提升算法的鲁棒性和实时性。

(a) 有雾原图

(b) He算法结果

图 5.1　暗通道算法处理天空区域效果

5.2　基于改进暗通道先验方法的薄云雾去除算法

5.2.1　四叉树算法估计大气光强

　　He 估计大气光强的方法在图像不含天空等明亮区域时结果较为准确,但航拍设备在拍摄过程中不可避免地会遇到天空区域、大面积水体或偏白色建筑物等明亮区域,导致估计结果不准确。Kim 等[2] 发现:天空区域中的像素亮度变化(方差)总体较小。基于此认识,提出了可靠性更强、效率更高的四叉树层次搜索算法来估计大气光,效果如图 5.2 所示,具体做法是:

　　(1) 将图像等分为四个矩形区域,分别计算这些区域内像素的平均值减去标准差,作为评分指标。

（2）选择上述评分最高的区域,重复步骤(1),直到被选中的区域尺寸小于设定阈值。

（3）在选取的最小区域中,选择使距离 $\parallel (I_r(p), I_g(p), I_b(p)) - (255, 255, 255) \parallel$ 最小的颜色向量(包括 r, g, b 三个通道)作为大气光强。

图 5.2　四叉树算法示意图

5.2.2　改进透射率求取

1. 基于降采样、插值算法求取透射率

暗通道算法求得的透射率精度比其他算法更为精细,但处理时间过长,不能满足航拍图像去雾的实时性要求。为进一步提升算法的运行速率,在一定程度内稍微降低精度,对去云雾效果在理论上不会带来太大差别。我们改为先对原始图像的降采样图像进行透射率估计,然后通过插值得到原图的透射率。实验证明,该方法大大提升了算法的实时性,而去云雾效果和原方法在视觉上差别不大。需要注意的是采样率的合理设置,比如采用 1/2 缩小原图,在处理速度上效果不明显;若采样率过大,则会严重降低去云雾效果。经过实验验证,采用 1/9 缩小既可以得到满意的去云雾效果,也能满足实时性要求。

2. 引入容差修正透射率

研究式(5.7)发现：当 I 与 A 越接近时，也就是明亮区域越接近大气光时，透射率则会越小，导致在天空等明亮区域的透射率估计值过小。我们采用容差机制[3]修正透射率，将式(5.8)改写为

$$J(x) = \frac{I(x) - A}{\min\left(\max\left(K / |I(x) - A|, 1\right) \cdot \max\left(t(x), t_0\right), 1\right)} + A \quad (5.9)$$

式中：K 为容差。当 $|I(x) - A| < K$ 时，认为这个区域可能是天空，增加这个区域的透射率；若 $|I(x) - A| > K$，则认为是符合暗通道先验的区域，透射率不变；当 $K = 0$ 时，则相当于原始的透射率公式。

3. 快速引导滤波细化透射率

引导滤波和双边滤波同样具有保边特性，且在细节上效果更好，其基本概念已在 3.2.2 节具体介绍，这里不再赘述。本章应用快速引导滤波加速透射率的细化过程，在下采样率为 s 时，算法的时间复杂度可以从 $O(n)$ 降低到 $O(n/s^2)$，这里应用这一研究成果。

5.3　性能评价

本章实验均是在 64 位 Windows 10 操作系统、2.6GHz Intel Core i5 3230M CPU、内存为 8GB 的笔记本下的 Matlab R2016a 环境下进行的。参数设置如下：式(5.7)中 ω 为 0.98，以增加去云雾效果；求暗通道时窗口尺寸为 15；快速引导滤波半径为 60，调整系数为 0.01，采样率为滤波半径的 1/4，其余参数在上面已经设置。

考虑到航拍工作的多样性，我们分别选取含天空区域和不含天空区域每种算法各 4 张图像进行实验分析，测试图像有俯拍也有侧拍视角，有自然

景观也有城市景观。为了测试算法的去云雾效果,与 5 种典型算法进行比较:带颜色恢复的多尺度 Retinex 算法(MSRCR)、Tarel 等算法[4]、He 等算法[5]、Meng 等算法[6]和 Zhu 等算法[7]。考虑到航拍图像去云雾工作的高效性,Meng 等算法采取算法中的自动获取大气光的模式,而不是手动选取云雾浓度最大的区域;为避免失真和更好的去云雾效果,Zhu 等算法中 β 选择为 1.5。

5.3.1　主观分析

1. 含天空区域图像去云雾对比分析

图 5.3 给出了含天空区域图像的去云雾对比图,其中每个分图的第一幅图天空区域占比小于 1/2,第二幅图天空区域占比大于 1/2,第三、四幅图约为 1/2。

(a) 含天空区域原图

(b) MSRCR

(c) Tarel等算法

(d) He等算法

(e) Meng等算法

(f) Zhu等算法

(g) 本章算法

图 5.3　含天空区域图像去云雾对比

　　观察图 5.3(b)可以看出,MSRCR 对于原图较暗的区域处理会使这部分变得更暗,导致辨识度降低,同时在天空区域也会产生失真和 halo 效应;Tarel 等算法处理第一幅城市图像时出现明显的过饱和现象,且图像上部天空区域出现 halo 效应,第二幅和第四幅图的高楼轮廓出现失真,第三幅图结果偏黄,如图 5.3(c)所示;He 等算法对于四幅图像的天空区域均出现色彩失真的现象,而且在第一幅图出现 halo 效应,如图 5.3(d)所示;因为 Meng 等算法是在 He 等算法的基础上增加边界限制条件,没有实质解决暗通道先验对天空区域的不适性,所以处理结果和 He 等算法非常相近;Zhu 等算法处理天空区域稍好于前几种对比算法,但去云雾力度不够,在第三幅图出现了色彩失真,同时也会模糊部分图像;从整体上来看,本章算法去云雾效果最为良好,且对于天空区域都没有出现色彩失真、偏色等现象,而其他算法或多或少的都出现了偏色、色彩失真或 halo 效应。

2. 不含天空区域图像去云雾对比分析

图 5.4 为不含天空区域图像的去云雾对比图,其中每个分图的第一、二幅图为侧拍视角,第三、四幅图为垂直俯拍视角。

经过观察图 5.4(b)发现,MSRCR 和上步处理天空区域同样出现了加重较暗区域和色彩失真的问题;Tarel 等算法去云雾力度不够,第二幅图结果偏蓝,如图 5.4(c)所示;He 等算法总体去云雾效果比较良好,但第二幅图海岸上的树木区域亮度偏暗;Meng 等算法处理第三、四幅图结果出现偏色情况,且图像残留着一些薄雾;Zhu 等算法的去云雾结果总体较暗,去云雾效果不稳定;对比图 5.4(a)~(g)可以看出,本章算法对于不含天空区域图像的去云雾效果也表现良好,色彩还原度高,且在亮度表现上优于 He 等算法,更符合人眼视觉。

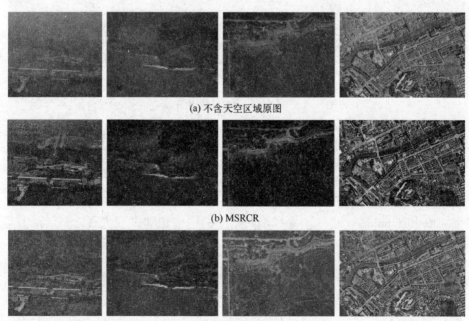

(a) 不含天空区域原图

(b) MSRCR

(c) Tarel等算法

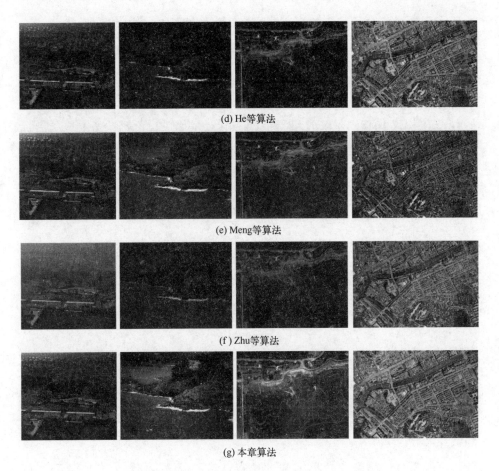

(d) He等算法

(e) Meng等算法

(f) Zhu等算法

(g) 本章算法

图 5.4　不含天空区域图像去云雾对比（见彩图）

综合上述实验可以看出，本章算法对于无论包含天空区域与否的航拍影像，都能取得比较满意的去云雾效果，证明本章算法具有较强的适应性。

5.3.2　客观评价

1. 去云雾效果定量分析

采用基于可见边的对比度增强评估算法[8]和李大鹏等提出的去云雾算

法清晰化效果客观评价算法[9]，进一步评价本章算法[10]的去云雾效果。

基于可见边的对比度增强评估算法是由法国学者 Hautière 提出的，目前已成为图像去云雾评价中应用最广泛的算法之一。算法结合对数图像处理模型求取对比度，采取复原图像的新增可见边之比(e)、可见边的规范化梯度均值($\bar{r}$)和饱和黑色或白色像素点的百分比(σ)三个指标评价去云雾效果，当 e 和 $\bar{r}$ 越大，σ 越小时，表明去云雾效果越好，其公式如下：

$$e = \frac{n_r - n_0}{n_0} \tag{5.10}$$

$$\bar{r} = \exp\left(\frac{1}{n_r}\sum_{P_i \in \Omega_r} \log r_i\right) \tag{5.11}$$

$$\sigma = \frac{n_s}{\dim_x \times \dim_y} \tag{5.12}$$

式中：n_r 和 n_0 分别为恢复图像和原图中可见边数目；Ω_r 为恢复图像的可见边集合；P_i 为恢复图像可见边的像素点；r_i 为恢复图像在 P_i 处和原图 P_i 处的梯度之比；n_s 为饱和黑色或白色像素点的数目；$\dim_x$ 和 $\dim_y$ 分别为图像的宽和高。

去云雾算法清晰化效果客观评价算法综合细节强度(L_{vaild})、色彩还原度(d_{correl})和结构信息(S)这三个指标为一个最终的综合指标(Q)，算法表示为

$$Q = (L_{\text{vaild}})^\alpha \cdot (d_{\text{correl}})^\beta \cdot (S)^\gamma \tag{5.13}$$

式中：α、β、γ 为调节系数，取 $\alpha = \beta = \gamma = 1$。$Q$ 越大，去云雾效果越好。

表 5.1 和表 5.2 分别对应图 5.3 和图 5.4 中图像各算法去云雾效果参数，综合来看，本章算法取得了较好的评价参数。需要注意的是，在应用基于可见边的评价算法时，应确保较好的算法对于任一参数指标都能得到相同的评价结果，还需注意到其对于高质量去云雾评价的局限性[11]，比如在表 5.1 的第 3 行数据对比中，Tarel 等算法取得了最佳的参数，但其并没有较好视觉

效果,甚至还有偏色和假轮廓现象。综上,本章算法具有比较良好的去云雾效果。

表 5.1　图 5.3 中图像去云雾效果参数对比

图像编号	评价指标	算　法					
		MSRCR	Tarel	He	Meng	Zhu	本章算法
1 (500×500 像素)	e	−0.0108	**0.1056**	0.0351	−0.0309	0.0089	−0.0073
	$\bar{r}$	1.1620	1.5531	1.4640	**1.7022**	1.2182	1.3702
	σ	0.0075	0.0001	0.0001	0.0002	0.0001	0.0001
	Q	0.1417	0.0882	0.1368	0.1410	0.1769	**0.2017**
2 (684×512 像素)	e	0.2501	**0.2764**	0.0251	0.2713	0.0045	0.0969
	$\bar{r}$	1.2076	**2.0683**	0.9873	1.3775	0.9655	1.0870
	σ	0.0004	0.0000	0.0000	0.0000	0.0000	0.0000
	Q	0.2152	0.1861	0.2616	0.2701	0.3075	**0.4620**
3 (680×509 像素)	e	**1.1116**	0.2753	0.4545	1.0649	0.1250	0.2553
	$\bar{r}$	2.3631	1.4497	1.5111	**2.3800**	1.0309	1.4175
	σ	0.0003	0.0000	0.0000	0.0000	0.0000	0.0000
	Q	0.1751	0.2972	0.2370	0.2179	0.2700	**0.3800**
4 (592×443 像素)	e	0.2444	**0.3963**	0.1623	0.2795	0.2103	0.2410
	$\bar{r}$	0.5830	**2.2351**	0.9275	1.2504	0.9723	1.1881
	σ	0.0000	0.0000	0.0008	0.0000	0.0000	0.0014
	Q	0.1337	**0.4761**	0.3111	0.4471	0.3914	0.4666

表 5.2　图 5.4 中图像去云雾效果参数对比

图像编号	评价指标	算　法					
		MSRCR	Tarel	He	Meng	Zhu	本章算法
1 (600×525 像素)	e	**4.3538**	1.8796	3.8944	3.9694	1.9064	4.0897
	$\bar{r}$	**4.2425**	2.5500	3.1090	3.7306	1.9717	3.2228
	σ	0.0000	0.0000	0.0000	0.0000	0.0000	0.0000
	Q	0.1547	0.1720	0.1782	0.1577	**0.2508**	0.1663

（续）

图像编号	评价指标	算法					
		MSRCR	Tarel	He	Meng	Zhu	本章算法
2 （800×600 像素）	e	**14.0698**	4.3580	10.7986	8.9542	6.0579	12.7308
	$\bar{r}$	2.0348	2.3421	2.1457	2.7629	1.5459	**3.3460**
	σ	0.0000	0.0000	0.0002	0.0007	0.0000	0.0017
	Q	0.1501	**0.2483**	0.1743	0.1649	0.1649	0.1301
3 （1200×900 像素）	e	**2.7703**	0.6052	2.6805	1.8694	2.2484	2.4804
	$\bar{r}$	1.4904	1.7769	2.1336	1.9607	1.7986	**3.2306**
	σ	0.0001	0.0000	0.0000	0.0000	0.0000	0.0001
	Q	0.0691	0.0907	0.1035	0.1084	**0.1161**	0.1070
4 （800×534 像素）	e	−0.0717	**0.1252**	−0.0614	−0.1132	−0.0609	−0.0721
	$\bar{r}$	**1.6930**	1.3128	1.4165	1.5774	1.3225	1.3872
	σ	0.0008	0.0002	0.0007	0.0005	0.0002	0.0004
	Q	0.0636	0.1222	0.1495	0.1361	**0.1801**	0.1559

2. 算法效率对比

本章算法的一个重点是加速航拍影像去云雾效率,提高算法的运行速度。从上述 8 张实验图像中选取典型分辨率,测试了各个算法的运行速度,如表 5.3 所列。可以看出 Tarel 算法和 He 算法去云雾耗时最多,随着图像尺寸的增大,耗时大大增加;本章算法耗时最少,相比 He 算法提高了约 34倍,明显提升了去云雾效率。

表 5.3 算法运行速度对比

图像尺寸/像素	MSRCR	Tarel	He	Meng	Zhu	本章算法
500×500	1.00	8.93	9.20	4.02	1.92	**0.28**
684×512	0.97	18.33	13.22	4.22	1.98	**0.38**
800×600	1.24	38.87	19.07	5.84	2.59	**0.58**
1200×900	3.20	192.19	42.21	12.44	5.33	**1.13**

5.4　本章小结

本章对于暗通道方法在处理航拍云雾图像中出现的色彩失真和效率过低的问题,提出了一种改进算法。通过降采样插值算法简化、快速引导滤波加速和容差机制修复透射率的求解过程,大气光强估计采用四叉树算法。经过实验证明,本章算法可以明显改善天空区域色彩失真和偏色现象,在保证一定效果前提下,大幅度提高了算法的运行速度,运行速度约为 He 算法的 34 倍,可以满足航拍图像去云雾的实时性要求。

参考文献

[1]　He K,Sun J,Tang X. Single Image Haze Removal Using Dark Channel Prior
[J]. IEEE Transactions on Pattern Analysis & Machine Intelligence,2011,33
(12):2341-2353.

[2]　Kim J H,Jang W D,Sim J Y,et al. Optimized contrast enhancement for real-
time image and video dehazing[J]. Journal of Visual Communication & Image
Representation,2013,24(3):410-425.

[3]　蒋建国,侯天峰,齐美彬. 改进的基于暗通道先验的图像去雾算法[J].
电路与系统学报,2011,16(2):7-12.

[4]　Tarel J P,Hautière N. Fast visibility restoration from a single color or gray
level image[C]//IEEE,International Conference on Computer Vision. IEEE,
2010:2201-2208.

[5]　He K,Sun J,Tang X. Single Image Haze Removal Using Dark Channel Prior
[J]. IEEE Transactions on Pattern Analysis & Machine Intelligence,2011,33

(12):2341-2353.

[6] Meng G, Wang Y, Duan J, et al. Efficient Image Dehazing with Boundary Constraint and Contextual Regularization[C]// IEEE International Conference on Computer Vision. IEEE, 2013:617-624.

[7] Zhu Q, Mai J, Shao L. A Fast Single Image Haze Removal Algorithm Using Color Attenuation Prior[J]. IEEE Transactions on Image Processing, 2015, 24 (11):3522-3533.

[8] Hautière N, Tarel J P, Aubert D, et al. Blind Contrast Enhancement Assessment by Gradient Ratioing at Visible Edges[J]. Image Analysis & Stereology, 2008, 27(2):87-95.

[9] 李大鹏,禹晶,肖创柏. 图像去雾的无参考客观质量评测方法[J]. 中国图像图形学报,2011,16(9):1753-1757.

[10] 李从利,张思雨. 基于暗通道先验的无人机影像快速去雾算法[J]. 陆军军官学院学报,2018,170(1):102-106.

[11] 郭璠,蔡自兴. 图像去雾算法清晰化效果客观评价方法[J]. 自动化学报,2012,38(9):1410-1419.

第6章
无人机图像厚云去除

　　通常人们将图像云去除视为图像复原的子问题,需要利用图像信息的相关性,对云污染区域进行回归,得到与真实像素在色彩、语义和人眼视觉上满足最大似然估计的复原结果。无人机航拍时常因云层遮挡而造成拍摄图像下垫面的信息损失,如何去除无人机图像中的厚云并恢复遮挡的信息是亟待解决的问题。现含云去除方法主要面向多光谱、多时相的卫星遥感图像,难以应用于无人机图像处理。针对无人机成像光谱单一、航时短且航迹随机的特点,利用图像修复理论,本章提出一种基于深度卷积生成对抗网络(Deep Convolutional Generative Adversarial Networks , DCGAN)的两阶段厚云去除方法,并在无人机图像数据集进行了对比实验验证。

6.1　无人机图像厚云去除的特点

厚云去除问题的研究主要集中在卫星遥感领域,目的是增加信息的可用性[1-3],已形成很多重要成果[4-11]。厚云的出现会导致遮挡部分的信息不可逆损失,造成图像质量降低,地物信息不连续,目标区域不完整,给后续的语义分割、目标检测与识别带来不可预知的影响。去厚云可理解为云区像素的"生成",常用方法可归为三类:多光谱法、多时相法和图像修复法。

多光谱法[4-6],利用各光谱的相关性,假设在图像局部某些光谱像素值具有确定的函数关系。多时相法[7-9],利用不同时间同一地区的图像进行云区图像块的拼接和预测。图像修复法[10-11],假设云覆盖区域与其他像素具有像素值和纹理的一致性,利用空间信息对缺失像素进行插值。

无人机图像云去除与遥感图像云去除具有相似性,但由于无人机载荷和存储的限制,很难携带类似卫星的多光谱成像装置,而且由于航迹不固定,多光谱法和多时相法均无法直接应用,采用图像修复法是较优的选择。

图像修复在无人机图像上面临一些困难,由于图像去云属于不适定问题,即填充的像素值可能存在多种解,图像修复法利用了一致性的正则,所修复区域的色彩、纹理、结构接近于周边像素。当道路、水体、建筑等被云部分遮盖时,能够利用这种一致性将其恢复,而当云完全遮盖某个物体时就无法恢复。恢复的准确度随着遮盖区域面积的增加而下降。

由于遥感图像中地面景物呈大面积连续分布,因此修复方法比较奏效[12-13],但直接作用于无人机图像去云存在一定障碍:①在遥感成像高度和分辨率水平上,不同图像呈现多种地物多种分布,现有的大多数修复方法仅针对分辨力为 256×256 像素及以下的单幅图像,而无人机图像是经过拼接的全景图,因此将其进行切割,由此产生了存在多种地物多种分布的数据集,对此还缺少研究;②无人机图像数据包含森林、田地、城镇等多种地物,而这些同类地物具有一定的相似性,利用同类相似性对图像修复具有提升的效果,而现有图像修复方法大多是针对单幅图像,没有充分利用这些信息;③对于大云区遮挡、多分布、多类型地物的复杂图像,修复结果往往会出现纹理断裂、预测失误、轮廓模糊,造成伪迹伪影的情况。

另外还需考虑到两个重要因素:①修复的目的与去云的目的有差异,虽然都要求图像内容的一致性,前者的目的是要合成貌似真实的图像,但后者则更加强调信息的准确性(可信度);②无人机执行任务时是围绕一定的区域巡航,所拍摄景物具有一定的冗余性,类似于多时相信息,但不像卫星遥感图像能周期性地对特定区域做匹配度很高的成像,而是经过了随机的、难以估计的几何变换,如何充分利用多幅无人机侦察图像提升修复的信息增益是需要解决的重点。

我们曾基于上下文编码器(Context Encoder)模型对遥感图像厚云去除做过类似工作[14],由于遥感图像画幅较大,地物信息变化范围较小,因此在地物分类的基础上采用了 encoder-decoder 结构对图像的整体进行压缩和回归,并以梯度正则项控制修复的平滑性。但由于图像本身的画幅较大,也并未考虑图像间信息的互补性。

针对上述问题,结合多时相法和图像修复法的特点,提出了一种新的无人机图像厚云区域修复算法。首先,将无人机全景图按照固定尺寸进行无重叠切割,得到图像数据集;然后设计了两阶段修复网络的主框架,以一阶段修复结果搜索相似样本,与待修复图像一同作为二阶段的输入,生成最终结果。该结果综合了同类相似地物的特征,避免了多分布数据集学习的难题,取得了较好的效果。

6.2 基于两阶段模型的无人机图像厚云去除算法

鉴于现有深度学习的修复方法大多只能处理 256×256 像素及以下分辨

力图像,我们将无人机得到的全景图按照 256×256 像素的尺寸进行无重叠切割,得到图像数据集。用 2 个 DCGAN、1 个检索模块和 1 个仿射网络相连接,设计了一个两阶段的厚云修复模型,训练时,用仿真的云掩膜遮挡图像的任意区域,将原图像和掩膜图像送入一阶段模型进行训练,利用一阶段的修复结果,在图像数据集中检索相似的 top N 个样本,再通过一个仿射网络将其与待修复图像对齐,之后将对齐后的结果与一阶段修复结果一同送入二阶段修复网络,在一个更大的空间对待修复区域做回归,使修复效果更加具有语义准确性和人眼视觉自然感。测试时,先对真实含云图像进行云区检测,得到掩膜图像,直接送入 G1,经过前向运算得到结果,两阶段中的 D1、D2 不再使用。模型总体框架如图 6.1 所示(云区用品白色标出,实箭头为运算前向传播路径,虚箭头为损失后向传播路径,下同)。

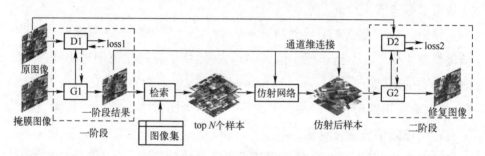

图 6.1 模型总体框架

6.2.1 检索模块

由于地物的多样性,将无人机全景图像切割后,必然存在多个中心的分布,而要同时学习这些分布,并能根据待修复图像自动识别属于哪一种分布是十分困难的。同时,图像内容的修复不应只借助单个图像的其他内容,而要借助其他相似地物的内容。对此,我们采用了另一种解决方案,利用一阶段修复的结果,在数据集中检索最相似的 N 个样本,认为这些样本与待修复图像具有独立同分布特性。这 N+1 幅图像将进入二阶段修复网络中。检索模块的流程如图 6.2 所示。

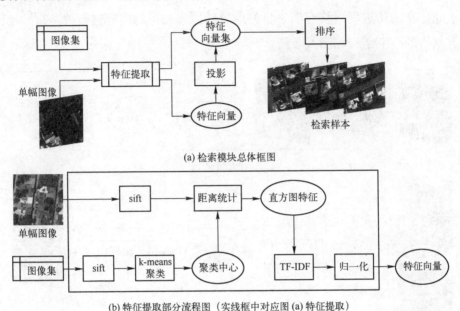

(a) 检索模块总体框图

(b) 特征提取部分流程图（实线框中对应图 (a) 特征提取）

图 6.2　检索模块流程图

这里应用了词袋算法 (BoW) 进行图像检索, 事先对图像集中的所有图像进行 sift 特征提取和 k-means 聚类, 形成数据集的码书, 每幅图像对码书做最近距离的直方图统计, 为避免码字本身频率的影响, 进行词频–逆文本频率 (Term Frequency-Inverse Document Frequency, TF–IDF) 处理, 最后将直方图特征归一化作为该幅图像的特征向量。应用时, 一幅图像经过相同的特征提取, 在图像集的特征上做投影和排序, 选取其中最接近的样本作为检索结果。

6.2.2　仿射网络

大多数 CNN 模型对特征位置的平移、缩放、旋转等仿射变换不具有敏感性[15], 为了能够充分利用检索结果的语义内容, 不同于 Yu[16]方法在掩膜内外的注意力机制, 在检索模块后设计了仿射网络来大体对正待修复图像和检索图像。实验分析发现,将图像对齐后,感兴趣区域也会随之对准。基于此建立的仿射网络将有助于更好地借助检索图像的内容进行修复[17]。仿射网络的模型结构如图 6.3 所示。

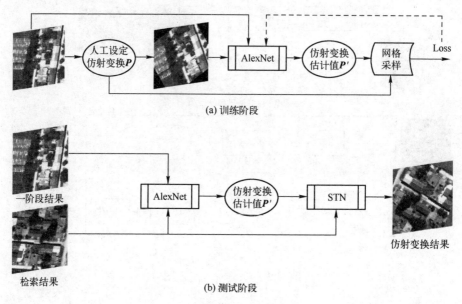

图 6.3　仿射网络的模型结构

以 AlexNet[18] 为仿射参数估计网络,设 P 为待估计的仿射参数矩阵,含 6 个未知参数,对于源图像中的坐标 $(x,y)^{\mathrm{T}}$,经 P 变换得到的坐标为 $(x',y')^{\mathrm{T}}$,则

$$\begin{pmatrix} x' \\ y' \end{pmatrix} = P \begin{pmatrix} x \\ y \end{pmatrix} \tag{6.1}$$

训练时,对每一幅源图像,人工设定任意 P 参数,对图像做式(6.1)变换,得到目的图像。将源图像和目的图像输入 AlexNet 网络,得到仿射矩阵估计值 P'。由于 6 个参数之间存在尺度差异,将 P 和 P' 在固定的网格点采样上的变换结果之差作为损失函数

$$L_{\mathrm{affine}} = \sum_g \| Pg - P'g \|_2 \tag{6.2}$$

式中:g 为网格点坐标,这里在 256×256 像素的平面横纵坐标间隔 20 取点。在训练集上不断训练 AlexNet,使之具有估计仿射参数的能力。测试时,以

一阶段结果为目的图像,以检索结果为源图像输入已训练的 AlexNet 网络,得到 $\boldsymbol{P}'$,通过空间变换网络 STN[19],实现检索图像的仿射变换。

6.2.3　两阶段修复 DCGAN 网络

修复网络的模型结构决定了图像修复的质量,过简单的模型参数少,回归能力不足;过复杂的模型容易在数据量不足时过拟合。结合数据量和复杂程度等因素,经过大量验证,两阶段的修复模型都选用了相同的 DCGAN 模型,采用了全局–局部机制,对图像整体和修复部分的最小外接矩形区域分别用全局鉴别器(Global D)和局部鉴别器(Local D)进行判别,使之在全局和局部都具有语义合成能力。具体网络模型结构如图 6.4 所示。

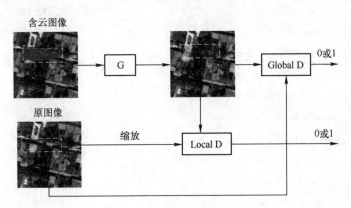

图 6.4　修复网络模型结构

不同于文献[16]方法的两阶段结构,我们在一阶段模型生成初步修复结果后,将该结果输入到上述检索模块和仿射网络,得到数据集中注意力对齐的相似样本,然后将这些样本与初步修复结果进行通道维的连接后输入二阶段模型,生成最终结果。

训练时,在 256×256 像素的不含云原图像随机位置加上掩膜形成含云图像,输入 G 网络得到修复图像。Global D 对含云图像和原图像做整体判别,local D 对含云图像和原图像的云区像素做局部判别。测试时,只需使用

G 网络对云区进行修复。G 网络、Global D 和 Local D 网络的结构如表 6.1 所列,其中形如 conv(4,2,32) 表示数量为 32、大小为 4×4 的卷积核,进行步长为 2 的卷积操作,deconv(4,1/2,256) 表示数量为 256、大小为 4×4 的卷积核,进行步长为 1/2 的上卷积操作,fc(3000) 表示具有 3000 个节点的全连接层,bn 表示批归一化,relu、lrelu 和 tanh 分别为 3 种激活函数。

表 6.1 修复网络结构明细

(a) G 网络

操　　作	输　　出
输入	256×256×1
conv(4,2,32),bn,relu	128×128×32
conv(4,2,64),bn,relu	64×64×64
conv(4,2,128),bn,relu	32×32×128
conv(4,2,256),bn,relu	16×16×256
conv(4,2,512),bn,relu	8×8×512
fc(3000),bn,relu	3000
fc(8×8×512),bn,relu	8×8×512
deconv(4,1/2,256),bn,relu	16×16×256
deconv(4,1/2,128),bn,relu	32×32×128
deconv(4,1/2,64),bn,relu	64×64×64
deconv(4,1/2,32),bn,relu	128×128×32
deconv(4,1/2,1),tanh	256×256×1

(b) Global D 网络

操　　作	输　　出
输入	256×256×1
conv(4,2,32),bn,lrelu	128×128×32
conv(4,2,64),bn,lrelu	64×64×64
conv(4,2,128),bn,lrelu	32×32×128
conv(4,2,256),bn,lrelu	16×16×256
conv(4,2,512),bn,lrelu	8×8×512
conv(4,2,1024),bn,lrelu	4×4×1024
fc(1)	1

操　作	输　　出
输入	128×128×1
conv(4,2,64),bn,lrelu	64×64×64
conv(4,2,128),bn,lrelu	32×32×128
conv(4,2,256),bn,lrelu	16×16×256
conv(4,2,512),bn,lrelu	8×8×512
conv(4,2,1024),bn,lrelu	4×4×1024
fc(1)	1

（c）Local D 网络　　　　　　　　　　　　　　（续）

6.2.4　损失函数

对于任意 GAN 模型,G 和 D 的训练是以下极大-极小联合优化问题:

$$\min_{G}\max_{D}E_{x:p_{\text{data}}(x)}\left[\log D(x)\right]+E_{z:p_{G}(z)}\left[\log(1-D(z))\right] \tag{6.3}$$

式中:$p_{\text{data}}(x)$为真实样本分布;$p_{G}(z)$为 G 生成的假样本的分布;z指经过 G 修复的图像

$$z=G\left[x\odot(1-M)\right] \tag{6.4}$$

二值图像 M 为云区图像掩膜,只在云区为 1,$\odot$为对应像素相乘操作。由于同时引入了 Global D 和 Local D,对 G 的联合损失函数为

$$L_{G}=\lambda_{p}l_{p}+\lambda_{adv\_g}l_{adv\_g}+\lambda_{adv\_l}l_{adv\_l}+\lambda_{tv}l_{tv} \tag{6.5}$$

式(6.5)右边 4 项分别为感知损失、全局对抗损失、局部对抗损失以及总变差损失[11]及其对应的加权系数,其中感知损失定义为修复图像与原图像的 L_2 范数损失:

$$l_{p}=\frac{1}{N}\sum_{i=1}^{N}\|x_{i}-z_{i}\|_{2}^{2} \tag{6.6}$$

式中:N 为一批图像数量。加入感知损失是为了在内容上接近真实图像,但仅有感知损失会导致模糊,因此还需加入对抗损失,生成接近真实语义分布

的像素。全局和局部对抗损失定义为

$$\begin{cases} l_{\mathrm{adv\_g}} = -\log D_{\mathrm{global}}(z) \\ l_{\mathrm{adv\_l}} = -\log D_{\mathrm{local}}(z') \end{cases} \tag{6.7}$$

式中：z' 表示 z 的云区部分缩放到 128×128 像素大小的图像。总变差损失定义为图像梯度大小的平方：

$$l_{\mathrm{tv}} = \sum_{i,j} \left[(x_{i,j+1} - x_{i,j})^2 + (x_{i+1,j} - x_{i,j})^2 \right] \tag{6.8}$$

总变差损失是正则化项，可防止生成过多噪声。经过多次交叉验证，最后设定的加权系数为 $\lambda_{\mathrm{p}} = 0.99, \lambda_{\mathrm{adv\_g}} = 0.006, \lambda_{\mathrm{adv\_l}} = 0.004, \lambda_{\mathrm{tv}} = 1 \times 10^{-6}$。

对于 Global D 和 Local D，同样必须在训练中提高鉴别真实不含云图像和修复图像，其损失函数为

$$\begin{cases} L_{\mathrm{D\_global}} = -\dfrac{1}{N} \sum_{i=1}^{N} \left[\log D(x_i) + \log(1 - D(z_i)) \right] \\ L_{\mathrm{D\_local}} = -\dfrac{1}{N} \sum_{i=1}^{N} \left[\log D(x_i') + \log(1 - D(z_i')) \right] \end{cases} \tag{6.9}$$

两阶段的 DCGAN 均采用该损失函数进行训练，所不同的是二阶段网络的输入为 $N+1$ 幅图像。

6.3　性能评价

6.3.1　训练、测试及配置

实验数据采用我国中部地区无人机可见光航拍图像，原图为拼接的单通道全景图像，将其切割为大小 256×256 像素的图像块，经过筛选共 31600 个样本。考虑到计算机运算资源限制，检索样本数 N 取 3。采用人工模拟的

方法创建云区掩膜,因为一般图像修复方法常采用中心面积 1/4 区域的掩膜,所以在随后也有该类型的对比实验。

将所有样本按 9∶1 的比例随机划分训练集和测试集,用所有的训练集训练检索模块的词袋聚类,用一半的训练集训练仿射网络中的 AlexNet,以避免后续的训练中偏好的结果对二阶段训练不利。训练一阶段修复网络时,batch size 设为 32,迭代轮数为 30 轮;二阶段 batch size 设为 16,迭代轮数为 20 轮。训练时,随机置乱样本顺序,并随机垂直、水平反转图像以进行数据增广。在整个训练和测试中,检索模块对每个输入图像的检索结果都去掉了原图像,以避免出现多时相法的理想条件。学习算法采用 Adam 优化算法,实验中发现 G 和 D 网络学习速率不同,因此设置 G 更新 5 次时,D 更新 1 次,经过相应轮数的迭代,global D 和 local D 对样本的分类准确率稳定在 50%附近,认为模型的学习达到稳定。

运行主要硬件环境为 Nvidia GTX1070Ti GPU、48GB 内存、4 核 Xeon CPU,软件环境为 Windows 10 系统、Python3.5+TensorFlow1.7.0 编程环境。一次训练时间约为 5 天。经对 3160 幅样本进行测试,结果表明,平均对 1 幅图像的处理时间为 0.2364s,其中一阶段修复用时 0.0566s,检索模块和仿射网络用时 0.1113s,二阶段修复用时 0.0685s。

6.3.2　中间结果

为说明引入检索模块和仿射网络的作用,在 3160 幅图像测试样本中选取 2 例,如图 6.5 所示。

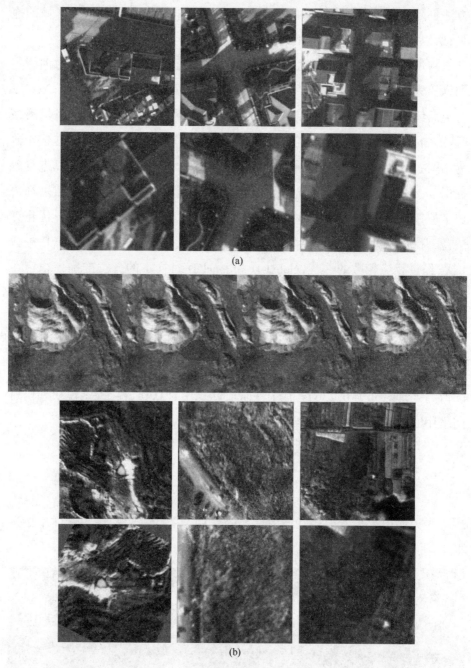

(a)

(b)

图 6.5　2 幅图像修复中间结果

　　图 6.5 中(a)、(b)第 1 行从左至右依次为原图、加云图像、一阶段和二阶段修复结果,第 2 行为检索到的 top3 图像,第 3 行为一阶段修复结果分别与 3 幅 top3 图像输入仿射网络得到的对齐结果。

　　可见,由于仅凭单幅图像的信息,一阶段修复效果通常较差,检索得到的图像与原图像都属于同一类场景,但地物和纹理的分布和方向却有很大不同,这是因为在检索时所用的 sift 特征具有旋转、缩放和平移不变性。经过仿射变换后,图 6.5(a)的检索图像道路的方向与建筑的比例与原图基本一致,图 6.5(b)的检索图像 1 与原图山丘的相似块基本保持一致,图像 2 地面纹理粒度的粗细接近原图,图像 3 与原图待修复区域相似部分被平移到图像中心。因此,二阶段修复效果在视觉和地物语义信息的复原均好于一阶段。

6.3.3　仿真云掩膜实验

　　为检验本章方法的修复效果,选取了有代表性的基于样本块的修复方法[20]和深度学习的图像修复方法[14,17,21-23],对同样的数据进行训练后评估。由于文献[20]无须学习,直接将图像和二值掩膜图像送入算法得到结果。文献[21]需要二次优化,进行 batch size 为 64 的 200 轮训练后,对每幅测试图像和二值掩膜又进行了 1000 次的迭代寻优。对文献[14,22]方法,进行 batch size 为 32 的 100 轮训练。文献[23]方法的 batch size 设为 64,进行了 100 轮重建损失训练、1 轮对抗损失训练和 300 轮联合损失训练。文献[16]方法的 batch size 设为 16,1、2 阶段分别进行 100 轮训练。上述方法的代码均来自作者主页或 github 平台。测试时分别采用中心掩膜和两种模拟云掩膜得到对比实验结果。

1. 主观效果对比

　　选取部分实验结果,分成中心掩膜和仿真云掩膜,如表 6.2 所列,由人眼主观判断可知本算法取得了最优视觉效果。

表6.2　同类方法主观对比

(a) 中心掩膜

方法	第1组	第2组	第3组	第4组	第5组	第6组
原图			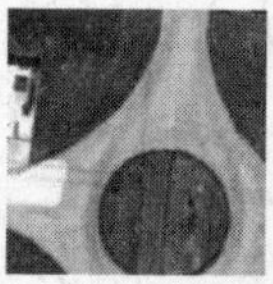		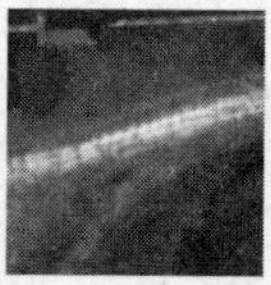	
加掩膜图像			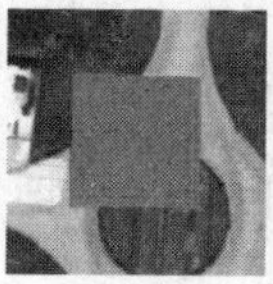			
文献[20]			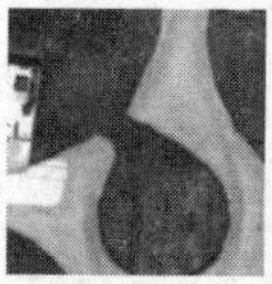	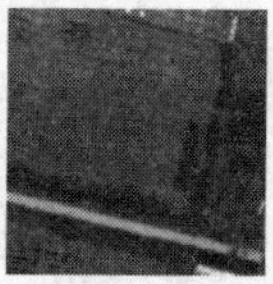	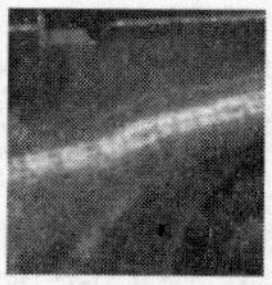	
文献[21]			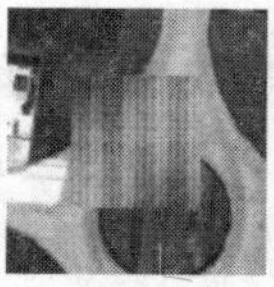		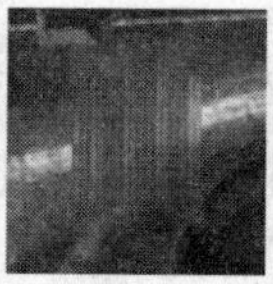	
文献[22]	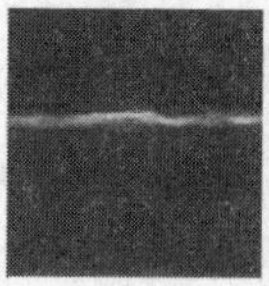	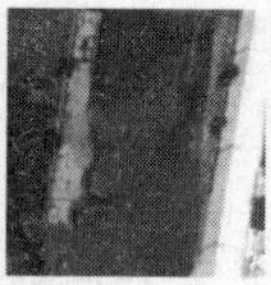	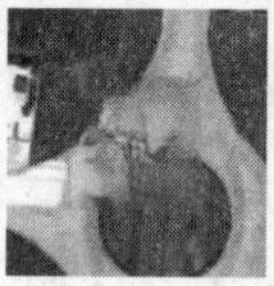		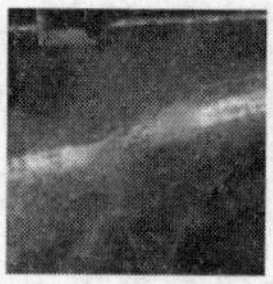	
文献[23]	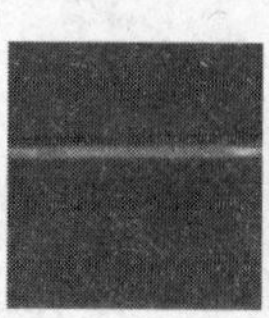		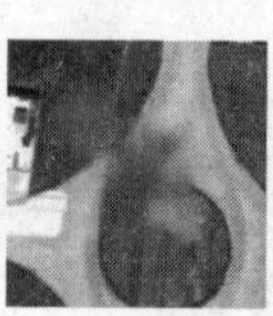		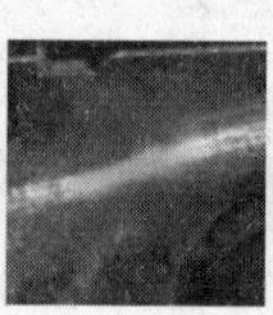	

（a）中心掩膜　　　　　　　　　　　　（续）

方法	第1组	第2组	第3组	第4组	第5组	第6组
文献[16]		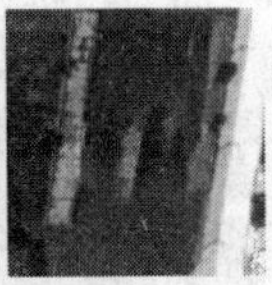	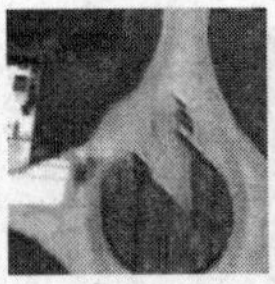		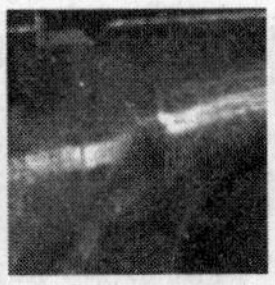	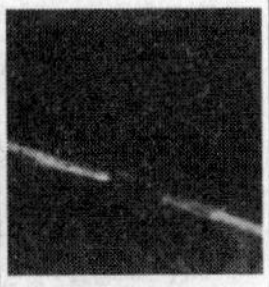
文献[14]		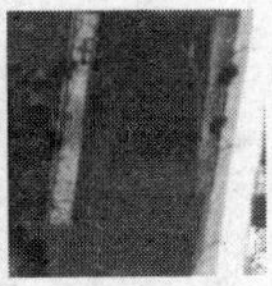	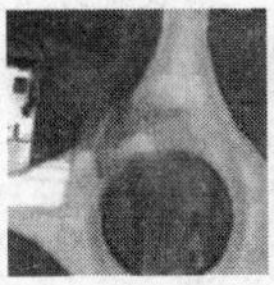		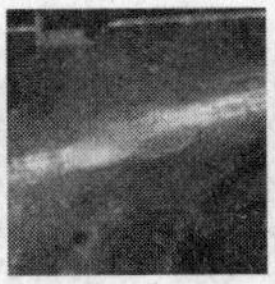	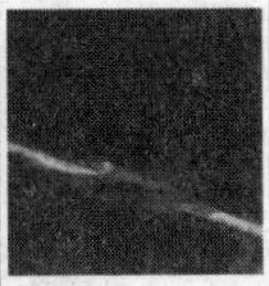
本章方法	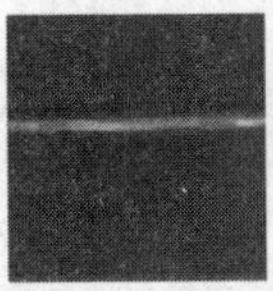	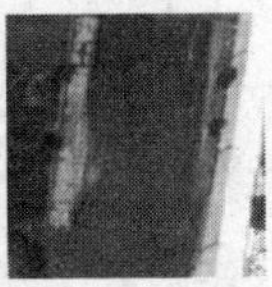	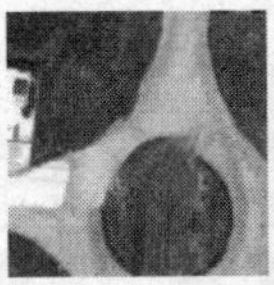	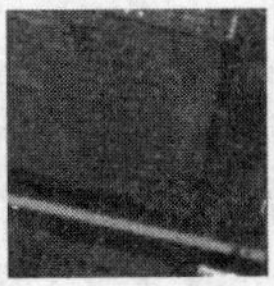	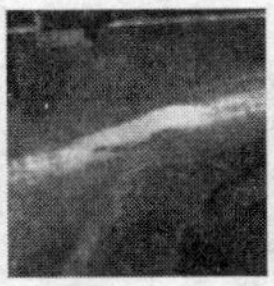	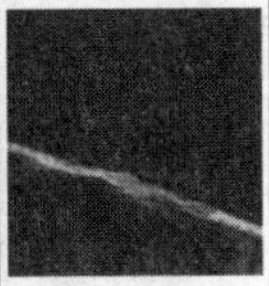

（b）仿真云掩膜

方法	第1组	第2组	第3组	第4组	第5组	第6组
原图		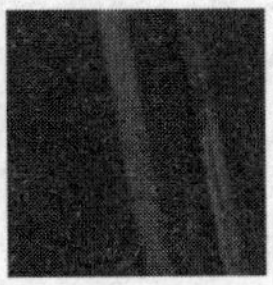	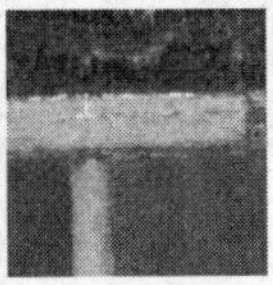	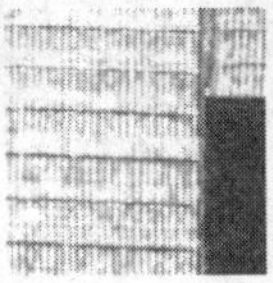		
加掩膜图像	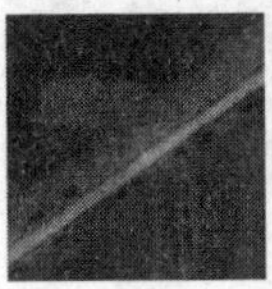	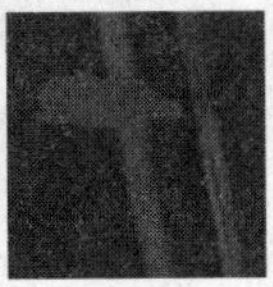				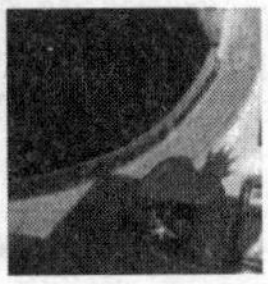
文献[20]		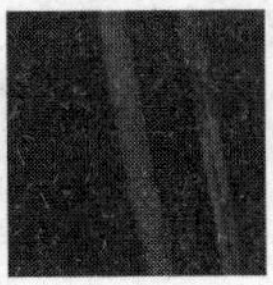				

（b）仿真云掩膜 （续）

方法	第1组	第2组	第3组	第4组	第5组	第6组
文献[21]						
文献[22]						
文献[23]						
文献[16]						
文献[14]						
本章方法						

由表 6.2 可见,文献[20]是基于样本块匹配的非学习算法,修复时是对相似块进行填充,对规则的直线方块区域修复效果好,但因为无法对数据学习,在缺乏相似块时出现明显的错误。由于学习能力的不足,文献[21-22]方法产生了不同程度的失真;而文献[23]缺少了注意力机制,未能学习到掩膜内外的映射关系,因此修复的部分大多是像素的平均,纹理比较模糊;文献[16]的注意力机制仅限于图像本身,而由于数据分布的多样性,样本间掩膜内外的映射关系差异较大,因此出现了语义不合理的因素;文献[14]的使用条件是高空遥感图像,增加了梯度的正则,但对像素变化剧烈处难以拟合。而本章方法的两阶段设计综合了图像本身和检索图像的互信息,因此修复取得了较优结果。

2. 客观效果对比

图像修复算法常用的评价指标为全参考图像质量评价方法,此处选择 3 种指标:PSNR、SSIM 和平均像素 L1 损失。PSNR 与对应像素点的均方误差有关,数值越高说明与参考图像差异越小;SSIM 是图像亮度、对比度、结构三方面相似性的乘积,数值在 0~1 之间,越高说明越相似;平均像素 L1 损失描述了对应位置像素的绝对差异,数值越小代表越好。3 种指标反映了地物修复的信息准确性,表 6.3 给出了在中心掩膜下本章方法和对比方法在以上指标下的对比。

表 6.3 修复结果全参考质量评价对比

方　法	PSNR	SSIM	L1 损失
文献[20]	27.3369	0.9061	5.9271
文献[21]	24.1401	0.8598	8.4661
文献[22]	27.0765	0.9058	4.9950
文献[23]	28.7107	0.9357	4.1546
文献[16]	26.7628	0.9062	5.2512
文献[14]	27.4980	0.8524	4.3712
本章方法	27.8194	0.9067	4.3541

　　由表 6.3 可见,文献[23]方法在 3 种指标下评价最好,具有较好的预测准确性,但综合表 6.2 中结果,文献[23]产生了明显的模糊,相比本章方法,与人的感知质量好坏存在一定偏差(表 6.4 给出了几例模糊结果指标高于本章方法的数据),是由于全参考指标对图像模糊不敏感所致[28-29]。

表 6.4　全参考评价中模糊图像的指标值偏高现象

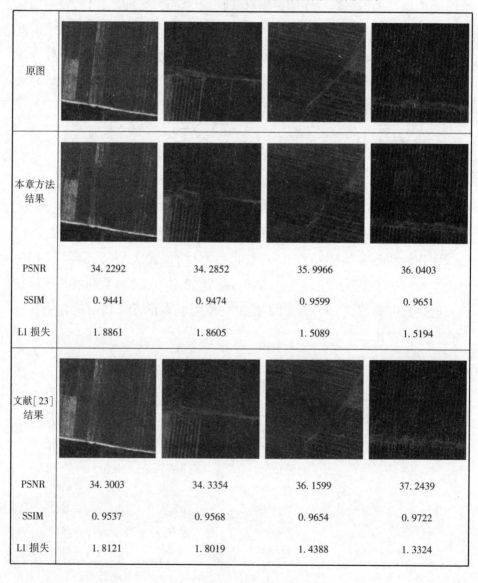

原图				
本章方法结果				
PSNR	34.2292	34.2852	35.9966	36.0403
SSIM	0.9441	0.9474	0.9599	0.9651
L1 损失	1.8861	1.8605	1.5089	1.5194
文献[23]结果				
PSNR	34.3003	34.3354	36.1599	37.2439
SSIM	0.9537	0.9568	0.9654	0.9722
L1 损失	1.8121	1.8019	1.4388	1.3324

本章方法不仅未产生明显模糊,且在 3 种指标下取得了次优的结果。除了文献[23]方法,本章方法比其他 5 种方法在 PSNR 上提高 0.3214~3.6793,在 SSIM 上提高 0.0005~0.0543,在 l1 损失上下降 0.0171~4.1120。

图像修复的好坏不仅与语义合理性和准确性有关,还要兼顾人的主观感知,避免噪声、畸变和模糊失真,而且在实际中,没有参考图像做对比,因此有必要对修复结果进行无参考质量评价。NIQE(Natural Image Quality Evaluator)[25]和 BLIINDS(Blind Image Quality Assessment Algorithm using a Natural Scene Statistics Model of Discrete Cosine Transform Coefficients)[26]是常用的评价方法。它们属于自然场景统计(Natural Scene Statistics,NSS)方法,利用两个尺度上分块拟合的广义高斯分布系数作为特征。NIQE 使用图像空间块归一化特征,计算特征向量与无失真图像特征间的多元高斯分布距离度量失真程度,而 BLIINDS 则使用 DCT 变换域特征,将高层次特征与平均主观得分差异(DMOS)进行贝叶斯回归。由于这两种评价方法在图像恢复领域的广泛使用,且分别在空域和变换域处理,具有一定的互补性,我们采用它们评估修复结果,如表 6.5 所列(数值越小代表质量越好)。

表 6.5　各方法与真实值的无参考质量评价对比

方　法	NIQE	BLIINDS
真实图	4.1112	14.5534
文献[20]	6.2328	16.5456
文献[21]	9.2358	19.9201
文献[22]	4.9841	19.7373
文献[23]	5.7747	19.1464
文献[16]	5.7882	17.5071
文献[14]	4.5483	18.5347
本章方法	4.4918	15.6615

表 6.5 显示本章方法在 NIQE 上好于其他方法 0.0565~4.7440,在 BLIINDS 上好于其他方法 0.8841~4.2586。综上,本章方法兼顾了视觉自然性

和语义、信息准确性,在主客观评价上都取得了最佳表现。

6.3.4 仿射网络对比实验

为验证仿射网络的必要性,保持原模型其他部分不变,仅去掉仿射网络,将检索得到的相似样本图像直接与一阶段修复图像在通道维连接后送入二阶段。保持损失函数不变,重新训练二阶段网络,得到的部分结果与原模型对比如表 6.6 所列,这里仍取 $N=3$。

表 6.6　去掉仿射网络前后的效果对比(见彩表)

(a) 修复效果对比

组数	原图	加掩膜图像	保持仿射网络的结果	去掉仿射网络的结果
第1组				
第2组				
第3组				

（b）检索图像经过仿射网络前后对比　　　　　（续）

组数	检 索 图 像	经过仿射网络后的检索图像
第1组		
第2组		
第3组		

　　表6.6选取了3组不同掩膜的结果,表6.6(a)为去掉仿射网络前后的效果对比,表6.6(b)为去掉仿射网络前后进入二阶段网络的检索样本。仿射网络将检索到的样本旋转、缩放、平移到最匹配的位置,如第1组道路、第2组田野的纹理及第3组房屋的结构,被旋转到相近的角度。根据地物的相似性,待修复图像能够在通道维上利用检索样本的信息,有助于生成一致性更好的结果。

　　表6.7给出了不加仿射网络时,对所有测试样本的全参考和无参考的评价结果的平均得分,相对于有仿射网络,几种评价指标均有不同程度下降。

119

表 6.7 去掉仿射网络全参考和无参考质量评价结果

指　　标	PSNR	SSIM	l1 损失	NIQE	BLIINDS
数值	26.2752	0.8753	4.5233	4.7188	15.7917
性能下降	1.5442	0.0314	0.1692	0.2270	0.1302

6.3.5 真实含云图像实验

为进一步验证本方法在真实含云无人机图像的修复效果，在数据集中选取了厚云覆盖的场景，用云检测算法[27]分割出云区作为掩膜，送入已训练好的模型。这里选取5组不同高度、不同地物场景图像，原图和检测出的云区掩膜如图6.6所示，各种对比方法的修复结果如表6.8所列，修复图像的无参考评价指标平均值如表6.9所列。

表 6.8 对图 6.6 去云效果对比

方法	第1组	第2组	第3组	第4组	第5组
文献[20]					
文献[21]					
文献[22]					
文献[23]					

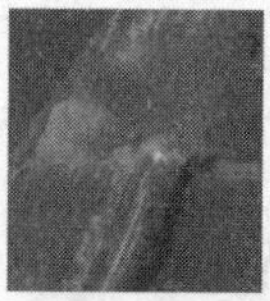

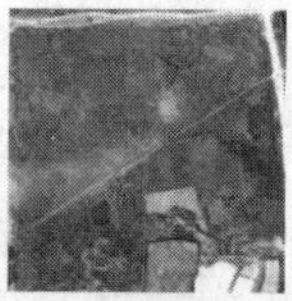

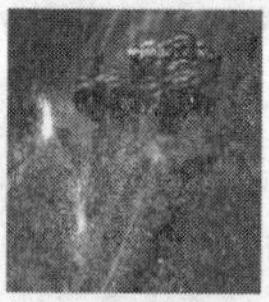

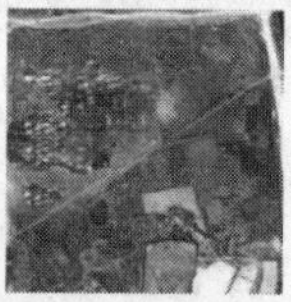

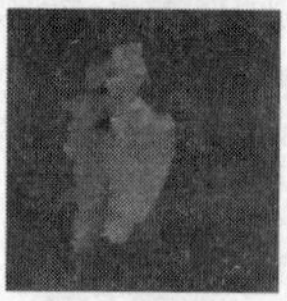

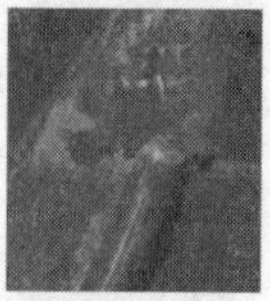

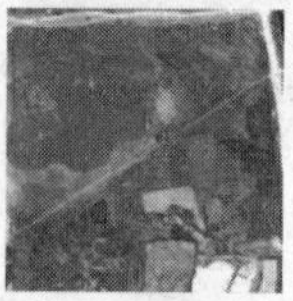

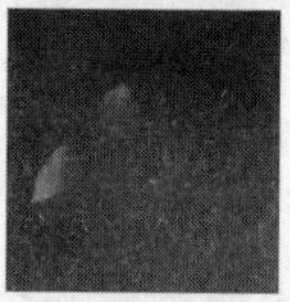

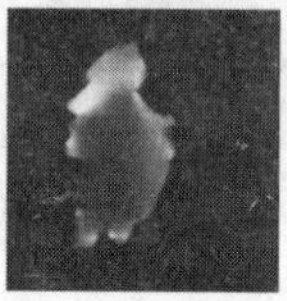

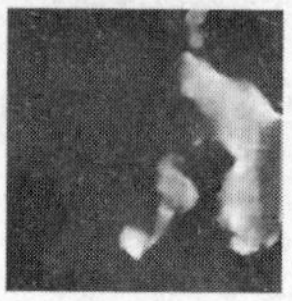

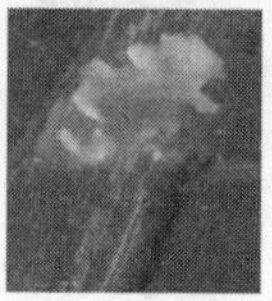

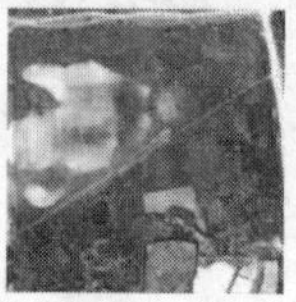

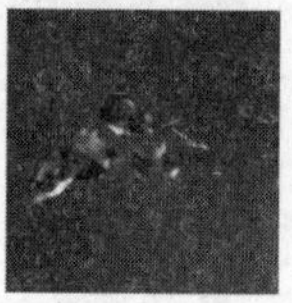

（续）

方法	第1组	第2组	第3组	第4组	第5组
文献[16]					
文献[14]					
本章方法					

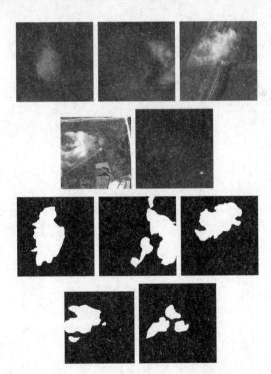

图 6.6　含云原图及云区掩膜

从表6.8实验结果分析发现:由于厚云图像同时存在薄云和薄雾,故文献[14,16,22-23]方法在修复时会引入相应位置的噪声,在回归修复区域时出现了不同程度的模糊和失真;文献[21]由于未能学习图像的分布,故生成杂乱的纹理;文献[20]虽然修复部分比较自然,但仅仅复制了原图其他部分的低层特征,因此破坏了图像的整体语义。本章方法统一考虑了修复区域与整体结构的关系,合理运用了两阶段模型,对图像的语义恢复比较完整,且在视觉上取得了较好的效果,同时表6.9的无参考评价的实验结果也验证了本章方法的有效性,在 NIQE 和 BLI-INDS 指标上分别改善了 0.1062~1.8992 和 1.0903~5.6495,这与仿真云掩膜实验结论相一致。

表6.9 真实含云图像无参考评价指标平均值

方　法	NIQE	BLIINDS
文献[20]	6.0457	15.1341
文献[21]	6.6879	18.4502
文献[22]	5.9076	15.1015
文献[23]	5.3691	18.1569
文献[16]	4.8949	13.8910
文献[14]	5.4674	14.7311
本章方法	4.7887	12.8007

6.4　本章小结

无人机航拍时常因云层遮挡而造成拍摄图像下垫面的信息损失,如何去除无人机图像中的厚云并恢复遮挡的信息是亟待解决的问题。现有云去除方法主要面向多光谱、多时相的卫星遥感图像,难以应用于无人机图像处理。我们针对无人机成像光谱单一、航时短且航迹随机的特点,利用图像修复理论,提出了一种基于深度卷积生成对抗网络(DCGAN)的两阶段厚云去除方法。采用词袋算法(BoW)检索算法搜索一阶段修复图像的相似样本,设计了仿射网络进行二阶段待修复图像与检索结果的注意力对齐,使待修复图像能利用同分布已知图像的信息,解决了无人机图像具有多分布而难以有效回归,以及现有修复方法强依赖于单幅图像的局限。改进了经典DCGAN的结构,综合局部和全局对抗损失,以及感知损失和总变差损失,设计了新的联合损失函数。相比经典方法,本章方法在语义合理性、信息准确性和视觉自然性上都具有一定的优势。主要工作为:

(1)提出了一种基于深度学习的两阶段厚云去除方法,结合图像修复和多时相法的特点,利用一阶段修复的结果,检索相似分布的图像样本,并利用注意力机制进行样本与待修复图像的注意力对齐,避免了直接在多分布数据上修复而产生的效果不理想。

(2)提出了一种注意力对齐方法,利用BoW算法检索与一阶段修复结果相似分布的图像样本,设计了仿射网络进行样本与待修复图像的对齐模式,一同进入二阶段修复网络,实现了空间上的信息互补,充分利用了图像库相似信息。

(3)改进了DCGAN模型的结构和损失函数,作为两阶段模型的主框架。采用了全局-局部两个判别器对图像的生成进行约束,提出了新的联合损失函数,使生成的修复图像在全局和局部都具有语义合理性。

(4)相较于现有图像修复方法,在包含较大云区范围且不同地物的无人机图像上,本章方法可以更好地修复缺失部分的地物结构信息,并保持了修复部分与背景的连续性和一致性。

目前,在设计网络模型时,我们固定了进入二阶段修复的检索样本数量,造成了二阶段网络处理通道相对固定,灵活性有限;下一步将尝试根据检索到样本与待修复图像的相似度大小自适应选择样本数目,并进行不同层次的特征提取和融合,再送入相对固定的网络处理通道。

参考文献

[1] Liu J, Wang X, Chen M, et al. Thin cloud removal from single satellite images [J]. Optics express, 2014, 22(1): 618-632.

[2] Zhang Y, Wen F, Gao Z, et al. A Coarse-to-Fine Framework for Cloud Removal in Remote Sensing Image Sequence[J]. IEEE Transactions on Geoscience and Remote Sensing, 2019, 57(8): 5963-5974.

[3] Shao Z, Pan Y, Diao C, et al. Cloud detection in remote sensing images based on multiscale features-convolutional neural network[J]. IEEE Transactions on Geoscience and Remote Sensing, 2019, 57(6): 4062-4076.

[4] Grewe L L, Brooks R R. Atmospheric attenuation reduction through multisensor fusion[C]//Sensor Fusion: Architectures, Algorithms, and Applications II. International Society for Optics and Photonics, 1998, 3376: 102-109.

[5] Rakwatin P, Takeuchi W, Yasuoka Y. Restoration of Aqua MODIS band 6 using histogram matching and local least squares fitting[J]. IEEE Transactions on Geoscience and Remote Sensing, 2008, 47(2): 613-627.

[6] Zhang C, Li W, Travis D J. Restoration of clouded pixels in multispectral remotely sensed imagery with cokriging[J]. International Journal of Remote Sensing, 2009, 30(9): 2173-2195.

[7] Zheng K G, Fu C, Jin Y, et al. Automatic cloud and cloud shadow removal method for landsat TM images[C]//IEEE 2011 10th International Conference on Electronic Measurement & Instruments. IEEE, 2011, 3: 80-84.

[8] Lin C H, Tsai P H, Lai K H, et al. Cloud removal from multitemporal satellite images using information cloning[J]. IEEE transactions on geoscience and re-

mote sensing,2012,51(1):232-241.

[9]　Melgani F. Contextual reconstruction of cloud-contaminated multitemporal multispectral images[J]. IEEE Transactions on Geoscience and Remote Sensing,2006,44(2):442-455.

[10]　Siravenha A C,Sousa D,Bispo A,et al. Evaluating inpainting methods to the satellite images clouds and shadows removing[C]//International Conference on Signal Processing,Image Processing,and Pattern Recognition. Springer, Berlin,Heidelberg,2011:56-65.

[11]　Lorenzi L,Melgani F,Mercier G. Inpainting strategies for reconstruction of missing data in VHR images[J]. IEEE Geoscience and remote sensing letters,2011,8(5):914-918.

[12]　Siravenha A C,Sousa D,Bispo A,et al. Evaluating inpainting methods to the satellite images clouds and shadows removing[C]//International Conference on Signal Processing,Image Processing,and Pattern Recognition. Springer, Berlin,Heidelberg,2011:56-65.

[13]　Lorenzi L,Melgani F,Mercier G. Inpainting strategies for reconstruction of missing data in VHR images[J]. IEEE Geoscience and remote sensing letters,2011,8(5):914-918.

[14]　李从利,张思雨,韦哲,等. 基于深度卷积生成对抗网络的航拍图像去厚云方法. 兵工学报,2019,40(7):1434-1442.

[15]　Sabour S,Frosst N,Hinton G E. Dynamic routing between capsules[C]// Advances in neural information processing systems,2017:3856-3866.

[16]　Yu J,Lin Z,Yang J,et al. Generative image inpainting with contextual attention[C]//Proceedings of the IEEE Conference on Computer Vision and Pattern Recognition,2018:5505-5514.

[17]　Zhao Y,Price B,Cohen S,et al. Guided image inpainting:Replacing an image region by pulling content from another image[C]//2019 IEEE Winter Conference on Applications of Computer Vision (WACV). IEEE,2019:

1514-1523.

[18] Krizhevsky A,Sutskever I,Hinton G E. Imagenet classification with deep convolutional neural networks [C]//Advances inneural information processing systems,2012:1097-1105.

[19] Jaderberg M,Simonyan K,Zisserman A. Spatial transformer networks[C]// Advances in neural information processing systems,2015:2017-2025.

[20] Darabi S,Shechtman E,Barnes C,et al. Image Melding:Combining Inconsistent Images using Patch-based Synthesis[J]. ACM Transactions on Graphics,2012,31(4):1-10.

[21] Yeh R A,Chen C,Yian Lim T,et al. Semantic image inpainting with deep generative models[C]//Proceedings of the IEEE Conference on Computer Vision and Pattern Recognition,2017:5485-5493.

[22] Pathak D, Krahenbuhl P, Donahue J, et al. Context encoders: Feature learning by inpainting [C]//Proceedings of the IEEE conference on computer vision and pattern recognition,2016:2536-2544.

[23] Iizuka S,Simo-Serra E,Ishikawa H. Globally and locally consistent image completion[J]. ACM Transactions on Graphics (ToG),2017,36(4):107.

[24] Yang C,Lu X,Lin Z,et al. High-resolution image inpainting using multi-scale neural patch synthesis[C]//Proceedings of the IEEE Conference on Computer Vision and Pattern Recognition,2017:6721-6729.

[25] Mittal A,Soundararajan R,Bovik A C. Making a "completely blind" image quality analyzer[J]. IEEE Signal Processing Letters,2012,20(3):209-212.

[26] Saad M A,Bovik A C,Charrier C. Blind image quality assessment:A natural scene statistics approach in the DCT domain [J]. IEEE transactions on Image Processing,2012,21(8):3339-3352.

[27] Zhang Q,Xiao C. Cloud detection of RGB color aerial photographs by progressive refinement scheme[J]. IEEE Transactions on Geoscience and Remote Sensing,2014,52(11):7264-7275.

［28］ Blau Y, Mechrez R, Timofte R, et al. The 2018 PIRM challenge on perceptual image super-resolution［C］//Proceedings of the European Conference on Computer Vision(ECCV),2018:334-335.

［29］ Galteri L,Seidenari L,Bertini M,et al. Deep generative adversarial compression artifact removal［C］//Proceedings of the IEEE International Conference on Computer Vision,2017:4826-4835.

第7章

厚云去除的效果评价

在第6章介绍厚云去除时,对去除效果进行评价量化指标采用了两种无参考评价方法,但是由于这些方法主要针对图像存在失真的类型设计的,用于图像去云后的评价难以奏效。

为此,本章提出了一种联合学习图像质量排序和质量得分回归的评价方法。以逐层下采样的卷积神经网络为主框架,先以图像分类任务做驱动,学习修复图像的失真特征,再用提出的联合损失函数将特征回归到图像质量的真实得分,实现了对图像全参考评价指标 SSIM 的逼近。主要工作可概括为:①将盲评价引入图像修复效果的评价,提出了一种不针对特定失真类型的修复质量预测器,通过 CNN 端到端的学习,解决了无法获得参考图像时航拍图像去云效果的盲评价问题;②融合了排序训练和回归训练,提出了联合损失函数,在获得好的逼近的同时,兼顾了对图像质量差异性的良好预测,获得了较好的预测性能;③采用分类预训练+回归、排序联合训练的思想预测真实质量得分,证明了该模型能有效地学习航拍图像的先验信息,感知修复区域,对测试样本的预测精度和泛化能力在 BIQA 方法中具有较大的优势。

7.1　无人机图像质量盲评价算法研究现状

目前,针对云去除质量的评价方法主要靠人工主观视觉判定和 SSIM、PSNR、MSE 等全参考指标[3-8]。针对航拍图像云去除效果的定量评价是个不适定问题。由于实际应用中,不存在有效的无云参考图像,因此需要研究针对性的盲评价方法。

传统的无参考质量评价方法主要是特征—统计—回归的单向流程,其中最广泛使用的是自然场景统计 NSS 方法[9-13],利用自然图像和失真图像的广义高斯分布偏差,采用合适的度量函数进行回归。还有一些方法采用机器学习对数据集表现出的特征进行学习[14]。对于越来越多的应用场景,人工设计广泛适用的特征是难以完成的。

基于深度学习的质量评价通过分类、回归等任务的驱动端到端地学习图像失真的特征,同时学习特征到得分的度量。深度学习对很多数据集具有适应性,避免了专为一类图像设计特征提取方法,在大数据下尤其具备优势。进一步可分为两类:一类是基于 Rank 的方法[15-16],旨在学习样本间好坏的感知;另一类是 CNN 直接做质量分数的拟合回归[17-23]。

无人机航拍图像的成像距离远,深度信息较少,地物、纹理分布较为连续,与一般的地面成像有很大差异。航拍图像的云区修复主要是恢复颜色、纹理等结构信息,而对它的评价关键在鉴别局部与整体的一致性。这种不一致性失真区别于图像质量评价公开数据集中的失真类型。

7.1.1　传统的无参考质量评价

传统方法将评价问题分为特征提取和质量得分回归两步,有效的特征提取方法是研究的重点。针对图像获取、传输和处理中出现的降质,早期人们针对特定失真如 JPEG 压缩[24]、高斯模糊[25]等,提出了相应的检测和评估方法,但这些方法只能处理单一失真类型。对于复杂混合失真场景,人们提出空间域和变换域特征描述自然场景图像的统计规律,如 NIQE[9]、ILNIQE[10]和 BRISQUE[11]等采用的归一化图像块空域特征,以及 BLI-INDS[12-13]等采用的变换域特征。此外,CORNIA[14]利用无监督学习构建码书,在此基础上构造了基于码书的统计特征。质量得分回归方法有多元高斯模型、支持向量回归和贝叶斯推断等。大多数传统方法依赖于手工设计的特征以及对特征的统计分析,但对于越来越多的失真类型和应用场景逐渐失去优势。

7.1.2   基于深度学习的无参考质量评价

深度学习模型可以通过端到端的有监督或无监督任务学习数据集的特征,逐渐成为图像质量评价的研究热点。Kang[17]首次应用了 5 层 CNN 进行图像质量得分的预测,随后人们相继提出更深层的质量评价网络,但图像质量评价的人工标注通常昂贵且耗时,可提供的标注数量有限。相比于 CNN 模型大量的参数,仅用有限的真实值回归训练会造成过拟合,因此人们通过各种方法扩充可用数据。如 Bosse[18]、Kim[21-23]将图像剪切成小块,每块的主观得分采用整幅图像的得分,增加了样本数量,预测时再对每块得分做平均。Liu[15]、Ma[16]等采用孪生网络进行图像质量的排序训练,大大扩充了数据集规模,同时经过样本间的两两比较,网络也会学到图像失真的特征,从而有助于下一阶段的回归。除了排序学习,Ma[19]、Zhang 等[20]还采用了失真类型和强度的分类训练。除此之外,文献[26]试图用生成网络恢复参考图像信息,从而借鉴全参考评价方法预测质量得分。

7.1.3   图像修复

图像修复的目的是去除前景中不想要的物体,并恢复该区域的一致性和人眼视觉自然性。传统修复方法最常用的是基于图像块方法,即复制其他区域最相似的部分填充修复区域。这类方法有时主观效果较好,但需要满足一定的先验条件,如光照和结构的一致性,鲁棒性较差,用于航拍图像易会产生不稳定现象如图 7.1 所示,左侧为原图,右侧为修复结果。引入深度学习后,现代修复方法常采用 GAN 或自编码器结构进行对抗训练[5-7],有助于从某个数据集中学习图像的分布,同时可以合成高级语义信息,是修复结果更加逼真。但如何评价修复后局部区域的质量以及处理与图像整体质量的相关性问题,给质量评价方法带来了新的挑战。

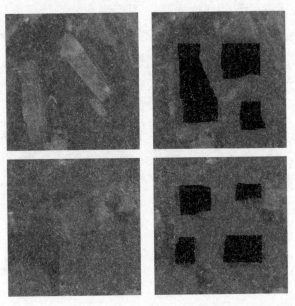

图 7.1　文献[8]方法在中心掩膜上出现的部分异常现象

7.2　基于联合学习的航拍图像云去除效果的盲评价算法

航拍图像与一般地面拍摄图像有很大差异,同时修复引起的失真是局部的,因此全局的统计分析和图像块的平均很难反映总体图像的降质。我们尝试用 CNN 对整幅图像进行学习,以借助下采样和池化结构逐层保留对

修复失真的响应。给定待评价修复图像 I_c,全参考质量评价算法可看作如下等式:

$$S=f(I_s,I_c) \tag{7.1}$$

式中:$f(\cdot)$ 为某种全参考质量评价算法;I_s 为参考图像;S 为全参考评价得分。

而当参考图像 I_s 无法获得时,式(7.1)退化为无参考质量评价,可用下式表示:

$$\bar{S}=g_\theta(I_c) \tag{7.2}$$

式中:$g_\theta(\cdot)$ 为无参考质量评价模型;θ 为模型参数;$\bar{S}$ 为模型的预测得分,训练模型以使 $\bar{S}$ 逼近 S。由于缺少 I_s,预测模型 $g_\theta(\cdot)$ 必须包含对原图像的先验知识,而这种先验通常是难以显示地建模,但可以通过训练 CNN 模型隐式地学习。对此,我们将 $g_\theta(\cdot)$ 建模成一个的 CNN 模型来预测修复图像的得分。为了获得 $g_\theta(\cdot)$ 对原图像的感知,训练一个判别模型 $g'_\theta(\cdot)$ 在大量无失真原图像和修复图像中进行分类。$g'_\theta(\cdot)$ 与 $g_\theta(\cdot)$ 的特征提取部分(卷积层)共用,训练结束后,认为网络模型学习了图像修复前后的主要特征,保留 $g'_\theta(\cdot)$ 的特征提取部分,再用 $g_\theta(\cdot)$ 进行质量得分的回归。模型总体框架如图 7.2 所示。

7.2.1　网络结构

网络结构为 4 层卷积—池化—归一化加 2 层全连接层,输入为 256×256×3 的图像。经过多次实验,发现在 BN、LRN、GDN、IN、GN、LN 等归一化方法中,GDN、GN 和 LN 能够有效地分类修复和无失真原图。考虑到在类似问题中 GDN 的广泛应用,因此选用 GDN 作为归一化层。模型结构与输出维度如表 7.1 所列,其中 conv(5,2,2,8)表示数量为 8、大小为 5×5 的卷积核,进行步长为 2 的卷积操作,边界填充为 2(下同);pool(2,2)表示大小为 2×2,步长为 2 的最大池化操作;fc(128)表示 128 个输出节点的全连接层;输出维度 C 因任务不同而取值不同,在分类任务中 $C=2$,在回归得分任务中 $C=1$。

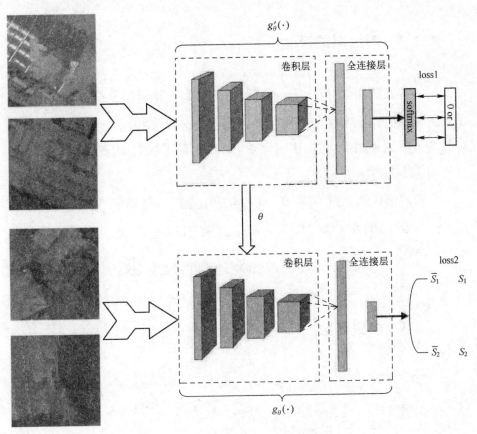

图 7.2　模型的总体框架

表 7.1　模型结构与输出维度

层　名	操　作	输出维度
conv1	$\mathrm{conv}(5,2,2,8),\mathrm{gdn},\mathrm{pool}(2,2)$	$64\times64\times8$
conv2	$\mathrm{conv}(5,2,2,16),\mathrm{gdn},\mathrm{pool}(2,2)$	$16\times16\times16$
conv3	$\mathrm{conv}(5,2,2,32),\mathrm{gdn},\mathrm{pool}(2,2)$	$4\times4\times32$
conv4	$\mathrm{conv}(3,2,0,64),\mathrm{gdn},\mathrm{pool}(2,2)$	$1\times1\times64$
fc1	$\mathrm{fc}(128),\mathrm{gdn}$	128
fc2	$\mathrm{fc}(C)$	C

7.2.2 对比对的产生

同一些方法相似[11-12],我们也采用排序学习,让模型 $g_\theta(\cdot)$ 对任意两幅图像的输出值大小排序与它们全参考评价得分排序相同。因为 SSIM 评价较符合人眼主观感受,且输出值在 0~1 之间,便于回归,因此这里用它作为待回归全参考方法 $f(I_s, I_c)$。

假设原图像数据量为 N,在 m_2 种掩膜上选用 m_1 种算法进行修复,得到 Nm_1m_2 组图像数据和 SSIM 值。对这些数据两两排列,可得到 $C_{Nm_1m_2}^2 = \dfrac{Nm_1m_2(Nm_1m_2-1)}{2}$ 组数据,满足深度学习模型的数据规模。

7.2.3 损失函数

本方法的训练分为两个阶段。第一阶段以分类任务驱动模型学习图像修复后的失真特征。将无失真(未修复)视为正例,失真(修复)视为负例,分类网络 $g'_\theta(\cdot)$ 将输入图像映射为 1 个二维向量:

$$g'_\theta(I) = \begin{bmatrix} \hat{y}_0 & \hat{y}_1 \end{bmatrix} \tag{7.3}$$

训练样本的标签记为 $[y_0 \quad y_1]$,正负例均按照独热编码。将输出向量经过 softmax 映射为两类的置信度:

$$p_0 = \frac{\exp(\hat{y}_0)}{\exp(\hat{y}_0) + \exp(\hat{y}_1)}$$

$$p_1 = \frac{\exp(\hat{y}_1)}{\exp(\hat{y}_0) + \exp(\hat{y}_1)} \tag{7.4}$$

用交叉熵损失函数衡量网络的分类性能:

$$\text{loss1} = \frac{1}{m} \sum_m -y_0 \log p_0 - y_1 \log p_1 \tag{7.5}$$

式中:m 为一次训练批量。由于负例数量远大于正例,对正例进行过采样以平衡。第一步训练结束后,利用 7.2.2 节产生的对比对进行排序和回归的训练。对任一对比图像对 I_{c1}、I_{c2},假设 $f(I_s, I_{c1}) > f(I_s, I_{c2})$,网络 $g_\theta(\cdot)$ 不仅要使对应的输出逼近全参考指标,还要使两个输出符合相同的得分大小排序,即

$$
\begin{cases}
g_\theta(I_{c1}) = f(I_s, I_{c1}) \\
g_\theta(I_{c2}) = f(I_s, I_{c2}) \\
g_\theta(I_{c1}) > g_\theta(I_{c2})
\end{cases}
\tag{7.6}
$$

因此对第二阶段设计了以下损失函数

$$
\begin{aligned}
loss2 = {} & \lambda_1 \max\left[0, g_\theta(I_{c2}) - g_\theta(I_{c1}) + \varepsilon\right] + \\
& \lambda_2 \left[\frac{|g_\theta(I_{c1}) - f(I_s, I_{c1})| + |g_\theta(I_{c2}) - f(I_s, I_{c2})|}{2}\right] + \lambda_3 \sum |\omega|
\end{aligned}
\tag{7.7}
$$

损失函数由 3 项组成,第 1 项为排序损失,当 $g_\theta(I_{c2}) > g_\theta(I_{c1})$ 时,该项大于 0,经过梯度下降会使得网络对 I_{c2} 的响应逐渐变小而对 I_{c1} 的响应逐渐变大,正数 ε 使得对 I_{c2} 的响应下降到阈值以下,避免网络对很多样本的输出值集中于很小的区间。第 2 项为回归损失,这里用了 L1 范数。第 3 项为神经网络所有权值的正则项,同样使用 L1 范数。超参数 λ_1、λ_2 和 λ_3 为这 3 项的加权系数。

7.3　性能评价

7.3.1　数据集与实验条件

本章的实验数据为中部某地区无人机航拍图像,将其裁剪为不重叠的

256×256 大小共 16542 幅,按 3∶1 的比例划分为训练集和测试集。选用了 3 种近期的基于深度学习图像修复方法 DCGAN[5]、context encoder[6] 和 generative inpainting[7] 在训练集上学习。构建了 4 种大小位置各不相同的掩膜模拟云区(图 7.3),以辅助训练。将掩膜覆盖于测试集图像,用这 3 种方法进行修复,共得到 49632 幅质量不一的样本作为评价数据集。根据原图像计算数据集中图像的 SSIM 得分,为了将质量得分区间拉开,记图像集中 SSIM 最大值、最小值分别为 $\max V$、$\min V$,将 SSIM 得分线性拉伸到 0 ~ 10 区间内,作为待回归的真值。

$$S = 10\ \frac{\mathrm{SSIM} - \min V}{\max V - \min V} \tag{7.8}$$

实验主要设备为超微工作站,GeForce RTX 2080Ti GPU,20 核 Intel Xeon E5-2630v4 CPU。

图 7.3　实验中用到的仿真掩膜

7.3.2　方法的实施

第一阶段训练中,以这些修复图像为负例,对应的原图像 4136 幅过采样 12 倍为正例,共 99264 幅图像随机置乱,按照 7∶3 的比例划分训练和验证集,以 loss1 为损失函数,批大小设为 32,优化器为 Adam。训练 100 次进行一次验证,当验证分类准确率达到 97% 以上时停止训练,认为此时卷积层充分学习了修复图像的失真特征。

第二阶段,保留卷积层参数,以 loss2 为损失函数训练整个网络,批大小为 1 对对比对,轮数为 10,经过交叉验证,取最优超参数 $\lambda_1 = \lambda_2 = 1, \lambda_3 = 10^{-5}, \varepsilon = 1.9 \times 10^{-4}$。

为了对比本方法与其他经典方法的性能,选择了一种非学习的评价方法 ILNIQE,3 种基于深度学习的评价方法 RankIQA、MEON 和 DB-CNN 进行对比。由于 ILNIQE 是 NSS 方法,先用原图像计算 NSS 特征,再在特征空间中计算与原图像的距离。对于 RankIQA,实验中发现作者提出的 3 种主网络结构均无法有效地学习数据特征,因此这里用 MEON 的主框架代替,并以 RankIQA++ 以区分,用原损失函数进行训练,轮数与批大小与本方法一致。对于 MEON 方法,按照本方法第一阶段做法训练分类部分,回归训练的批大小设为 32,轮数为 20。对 DB-CNN 方法,由于其包含了对失真类别和级别的分类,我们用自己的原图像作为纯净数据做了相同的仿真和预训练,所有参数设置均与作者代码保持一致。

7.3.3　评价标准

这里用斯皮尔曼秩相关系数(SROCC)、皮尔森线性相关系数(PLCC)和均方根误差(RMSE)来评价各方法的性能。分别定义为

$$\text{SROCC} = 1 - \frac{6 \sum_i d_i^2}{N(N^2 - 1)} \qquad (7.9)$$

$$PLCC = \frac{\sum_i (s_i - \bar{s})(\hat{q}_i - \bar{q})}{\sqrt{\sum_i (s_i - \bar{s})^2}\sqrt{\sum_i (\hat{q}_i - \bar{q})^2}} \tag{7.10}$$

$$RMSE = \sqrt{\frac{1}{N}\sum_i (s_i - \hat{q}_i)^2} \tag{7.11}$$

PLCC 和 RMSE 的预测值经过了逻辑斯谛(logistic)拟合函数的映射

$$\hat{q} = \beta_1 \left(0.5 - \frac{1}{1 + \exp[\beta_2(q - \beta_3)]} \right) + \beta_4 q + \beta_5 \tag{7.12}$$

其中 SROCC 衡量了评价算法预测的单调性,PLCC 和 RMSE 分别衡量了预测值与真实值之间的相关性和绝对误差。SROCC 和 PLCC 越大,RMSE 越小,说明评价算法越好。

7.3.4　实验结果及分析

1. 测试集结果对比

图 7.4 给出了对测试集中 16544 幅图像的预测值和真实值的样本点分布和 logistic 拟合曲线。表 7.2 给出了各方法在 3 种指标下的得分对比。可见 ILNIQE 和 DB-CNN 方法表现较差,这两种方法是针对全局一致性的失真,如高斯模糊、JPEG 压缩、噪声等,ILNIQE 是用多元高斯分布中心的距离评价得分,DB-CNN 用这些失真类型和量级作为分类驱动进行特征提取。而修复图像的失真是区域性的,且很难用一般评价数据集中的有限失真类型描述,因此评价指标上得分较低,也说明了修复失真的特征与其他失真有很大区别。对于 RankIQA++ 和 MEON,与本方法的区别主要在于训练和损失函数。RankIQA++ 将排序训练和回归训练分开,MEON 的分类训练与本方法相似,但只用了回归训练,因此导致了预测单调性和绝对误差不能达到最佳。而本方法在损失函数上兼顾了这 3 种指标,因此在 PLCC 和 RMSE 上取得了所有对比方法的最优,在 SROCC 上取得了次优的结果。

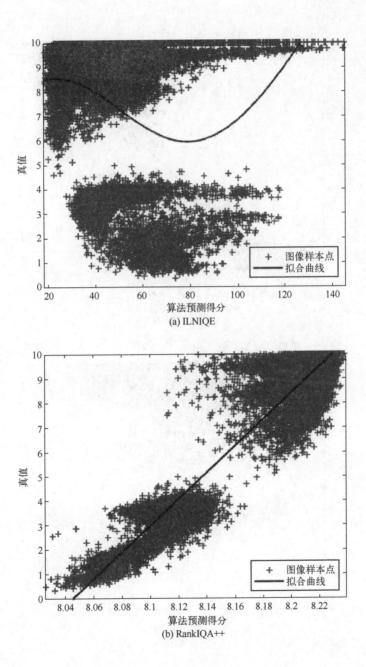

(a) ILNIQE

(b) RankIQA++

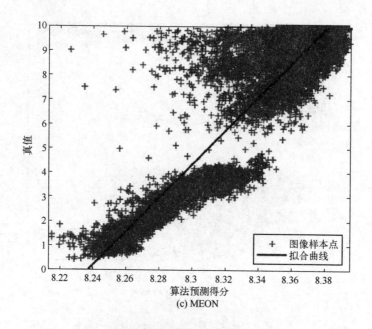

(c) MEON

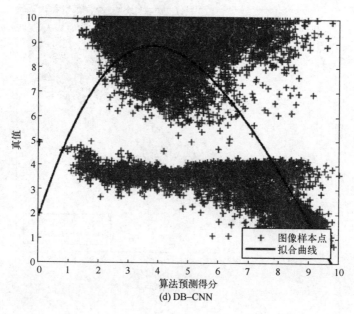

(d) DB–CNN

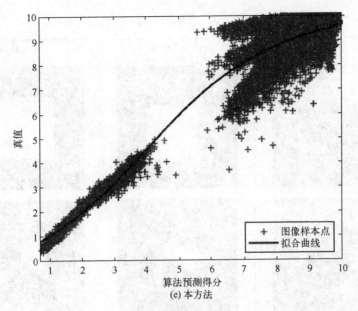

图 7.4 各方法预测值与真实值回归图(见彩图)

表 7.2 各方法在 3 种指标下的得分对比

方 法	SROCC	RMSE	PLCC
ILNIQE	0. 0877	2. 7378	0. 3020
RankIQA++	0. 7565	0. 8953	0. 9502
MEON	0. 7861	1. 2004	0. 9085
DB−CNN	0. 4251	1. 9445	0. 7359
本方法	0. 7721	0. 6283	0. 9758

2. 可解释性分析

本方法预测性能较好,是由于能够隐式地学习参考图像的先验信息,为了说明这一点,将所有测试样本通过 conv1 ~ conv4 层的响应分别在通道维累加,再缩放到 64×64 大小相加,分 4 种掩膜取平均,所得结果与对应的掩膜如表 7.3 所列。

表 7.3 卷积层响应结果

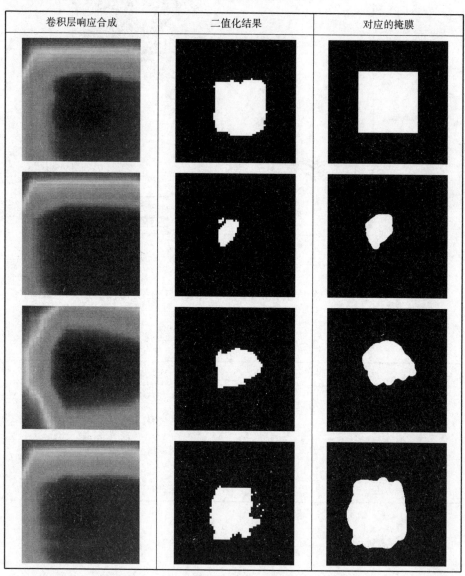

卷积层响应合成	二值化结果	对应的掩膜

表 7.3 第 1 列显示了卷积层的响应的热力图,第 2 列为热力图的二值化图,第 3 列为对应的掩膜。结果说明,经过训练,模型的卷积层学习到了图像修复区域的不一致信息,因此在大量样本的统计平均下,卷积层的响应与原掩膜的大小形状基本趋于一致。

3. 消融研究

为了进一步验证本模型和方法的有效性,对方法中可选择的 2 部分进行了替换。对数据不进行第①阶段分类训练,直接进行回归和排序训练,记为①;保持其他不变,在第 2 阶段损失函数中去掉排序损失,记为②。这两种方法的训练和测试样本、超参数以及训练轮数等均维持原先设置,所得三种指标值与样本点拟合曲线如表 7.4 和图 7.5 所示。

表 7.4　消融研究的指标值对比

指　　　标	SROCC	RMSE	PLCC
①	0.7407	0.6512	0.9740
性能下降	0.0314	0.0229	0.0018
②	0.7407	0.6828	0.9713
性能下降	0.0314	0.0545	0.0045

①②方法在 3 种指标上有不同程度的性能损失。①不进行分类训练,网络无法有效地感知修复区域与图像其他部分的区别,给回归训练带来困难;②不进行排序学习,因而难以感知图像样本间的优劣对比,同样给回归的精度带来损失。两种方法均造成了几乎相同的 SROCC 下降,证明分类训练和排序训练是必不可少的。

4. 变化趋势分析

进一步将各对比方法扩展到面积变化的掩膜上,生成了位于图像中心、形状为矩形,面积占比分别为 5%、10%、15%、20% 和 25% 的掩膜图像,修复方法 DCGAN、context encoder 和 generative inpainting 使用这些掩膜产生修复图像,然后用已训练的各方法对这些修复结果进行评价(为避免 25% 的掩膜与图 7.3 中的重复,各评价方法在训练样本中去掉了此种掩膜重新训练),统计了每种修复方法、在每种面积掩膜下的质量得分,如图 7.6 所示。为统

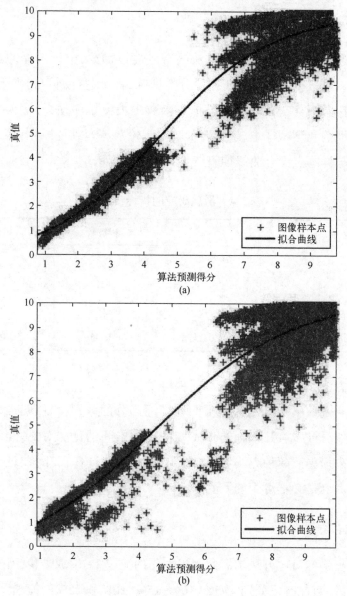

图 7.5　①②对应的样本点拟合曲线

一各方法在尺度上的差异,每种方法的得分向量作了归一化处理,SSIM 作为真值也在图中给出。

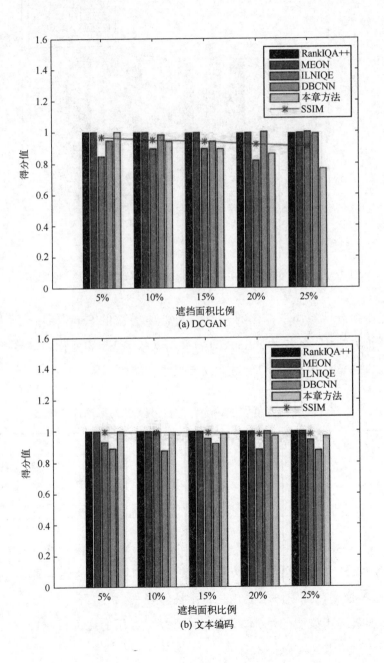

(a) DCGAN

(b) 文本编码

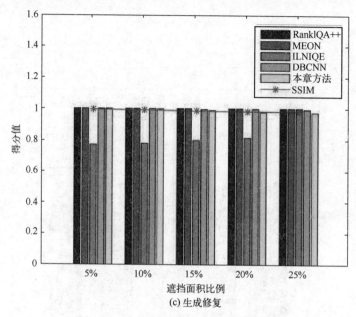

图 7.6　3 种修复方法在掩膜变化时的得分变化趋势(见彩图)

随着掩膜区域面积占比的升高,3 种修复方法的 SSIM 值单调下降。而在各评价方法中,本方法和 RankIQA++、MEON 与 SSIM 变化趋势接近。将 3 种修复方法整体效果做平均,如表 7.5 所列。

表 7.5　3 种修复方法在 5 种评价方法下的平均评价结果

修复方法	RankIQA++	MEON	ILNIQE	DB-CNN	本方法	SSIM
DCGAN	8.14234	8.30458	52.58732	5.77286	7.60582	0.93692
context encoder	8.20614	8.3633	46.53446	4.56722	8.76636	0.98806
generative inpainting	8.2125	8.36544	50.92692	4.24428	8.755	0.9873

SSIM 真值表明,context encoder 与 generative inpainting 效果相当,DCGAN 较差。相较其他评价方法,本方法准确地反映了这一趋势,说明通过训练,本模型在掩膜区域变化时稳定性较好。

需要进一步说明的是,本章不是研究针对通用的无人机图像评价问题,相关工作可以参考文献[28]。

7.4 本章小结

针对含云航拍图像的云去除效果需客观评价的问题,本章尝试将排序学习和回归学习统一起来,提出了一种基于 CNN 的航拍图像质量盲评价方法。模型的训练分为两阶段,以分类任务为驱动,学习失真特征,再以联合损失函数优化图像对到预测值的端到端训练,在测试集的 3 种评价指标上取得了较优的结果,验证了分类任务以及联合损失函数的有效性,最后展示了该方法在修复区域趋于连续的变化时对真实 SSIM 值有良好的逼近效果。

参考文献

[1] Siravenha A C, Sousa D, Bispo A, et al. Evaluating inpainting methods to the satellite images clouds and shadows removing[C]//International Conference on Signal Processing, Image Processing, and Pattern Recognition. Springer, Berlin, Heidelberg, 2011:56-65.

[2] Lorenzi L, Melgani F, Mercier G. Inpainting Strategies for Reconstruction of Missing Data in VHR Images[J]. IEEE Geoscience & Remote Sensing Letters, 2011, 8(5):914-918.

[3] Singh P, Komodakis N. Cloud-Gan: Cloud Removal for Sentinel-2 Imagery Using a Cyclic Consistent Generative Adversarial Networks[C]//IGARSS 2018-2018 IEEE International Geoscience and Remote Sensing Symposium. IEEE, 2018:1772-1775.

[4] Song C, Xiao C. Single Aerial Photo Cloud Removal[J]. Journal of Computer-Aided Design & Computer Graphics, 2019, 31(1):76-83.

[5] Yeh R A,Chen C,Yian Lim T,et al. Semantic image inpainting with deep generative models[C]//Proceedings of the IEEE Conference on Computer Vision and Pattern Recognition,2017:5485-5493.

[6] Pathak D,Krahenbuhl P,Donahue J,et al. Context encoders:Feature learning by inpainting[C]//Proceedings of the IEEE conference on computer vision and pattern recognition,2016:2536-2544.

[7] Yu J,Lin Z,Yang J,et al. Generative image inpainting with contextual attention[C]//Proceedings of the IEEE Conference on Computer Vision and Pattern Recognition,2018:5505-5514.

[8] Darabi S,Shechtman E,Barnes C,et al. Image Melding:Combining Inconsistent Images using Patch-based Synthesis[J]. ACM Transactions on Graphics,2012, 31(4):1-10.

[9] Mittal A,Soundararajan R,Bovik A C. Making a "completely blind" image quality analyzer[J]. IEEE Signal Processing Letters,2012,20(3):209-212.

[10] Zhang L,Zhang L,Bovik A C. A feature-enriched completely blind image quality evaluator[J]. IEEE Transactions on Image Processing,2015,24 (8):2579-2591.

[11] Mittal A,Moorthy A K,Bovik A C. No-reference image quality assessment in the spatial domain[J]. IEEE Transactions on image processing,2012,21 (12):4695-4708.

[12] Saad M A,Bovik A C,Charrier C. Blind image quality assessment:A natural scene statistics approach in the DCT domain[J]. IEEE transactions on Image Processing,2012,21(8):3339-3352.

[13] Hassen R,Wang Z,Salama M M A. Image sharpness assessment based on local phase coherence[J]. IEEE Transactions on Image Processing,2013, 22(7):2798-2810.

[14] Ye P,Kumar J,Kang L,et al. Unsupervised feature learning framework for no-reference image quality assessment[C]//2012 IEEE conference on com-

puter vision and pattern recognition. IEEE,2012:1098-1105.

[15] Liu X,van de Weijer J,Bagdanov A D. Rankiqa:Learning from rankings for no-reference image quality assessment[C]//Proceedings of the IEEE International Conference on Computer Vision,2017:1040-1049.

[16] Ma K,Liu W,Liu T,et al. dipIQ:Blind image quality assessment by learning-to-rank discriminable image pairs [J]. IEEE Transactions on Image Processing,2017,26(8):3951-3964.

[17] Kang L,Ye P,Li Y,et al. Convolutional neural networks for no-reference image quality assessment[C]//Proceedings of the IEEE conference on computer vision and pattern recognition,2014:1733-1740.

[18] Bosse S,Maniry D,Müller K R,et al. Deep neural networks for no-reference and full-reference image quality assessment[J]. IEEE Transactions on Image Processing,2017,27(1):206-219.

[19] Ma K,Liu W,Zhang K,et al. End-to-end blind image quality assessment using deep neural networks[J]. IEEE Transactions on Image Processing, 2017,27(3):1202-1213.

[20] Zhang W,Ma K,Yan J,et al. Deep bilinear pooling for blind image quality assessment[J]. IEEE Transactions on Circuits and Systems for Video Technology(TCSVT),2020,30(1):36-47.

[21] Kim J,Lee S. [IEEE 2017 IEEE Conference on Computer Vision and Pattern Recognition (CVPR) - Honolulu, HI (2017. 7. 21 - 2017. 7. 26)] 2017 IEEE Conference on Computer Vision and Pattern Recognition (CVPR) - Deep Learning of Human Visual Sensitivity in Image Quality Assessment Framework[C]//IEEE Conference on Computer Vision & Pattern Recognition. IEEE,2017:1969-1977.

[22] Kim J,Nguyen A D,Lee S. Deep CNN-based blind image quality predictor [J]. IEEE transactions on neural networks and learning systems,2018,30 (1):11-24.

[23] Kim J, Lee S. Fully deep blind image quality predictor[J]. IEEE Journal of selected topics in signal processing, 2016, 11(1):206-220.

[24] Wang Z, Sheikh H R, Bovik A C. No-reference perceptual quality assessment of JPEG compressed images[C]//Proceedings. International Conference on Image Processing. IEEE, 2002, 1:I-I.

[25] Wang Z, Simoncelli E P. Local phase coherence and the perception of blur [C]//Advances in neural information processing systems, 2004:1435-1442.

[26] Lin K Y, Wang G. Hallucinated - IQA: No - reference image quality assessment via adversarial learning[C]//Proceedings of the IEEE Conference on Computer Vision and Pattern Recognition, 2018:732-741.

[27] 李从利, 薛松, 陆文骏. 多失真混杂的无人机图像质量盲评价[J]. 中国图像图形学报, 2017, 22(01):115-125.

后　记

　　本书虽然在无人机图像云雾去除上有所涉猎和探讨,但是限于作者水平,还存在着很多疏漏和不足,在本书付印之际,未免心虚和不安,主要是无人机图像的去云(尤其是厚云)研究目前供参考的资料较少,仓促间形成此书,期望能够抛砖引玉,引起读者的研究兴趣。最后再赘述几句。

　　(1) 关于研究内容。目前我们结合自己承担的课题,主要围绕无人机图像中云雾的成像机理分析、云区检测、云浓度等级划分、薄云雾去除、厚云去除以及厚云去除效果的评价六个部分展开本书写作,各个部分的研究还不透彻,尤其是涉及无人机高速飞行中带来的图像降质问题的预处理没有提及。无人机图像中云雾的成像机理分析参考了遥感图像的模型,如何进一步深化和构建值得思考;云区检测部分只是对厚云区进行了讨论,实际拍摄中经常遇到薄云和厚云交织的场景,这需要运用场景理解和图像分割技术方可加以解决;对于云浓度等级划分,只是从技术上借助于图像质量分析加以初步划分和界定,无人机实际飞行中关注的天气因素较多而不仅仅是云量的多少;薄云雾的去除目前在无人机图像上得到了较好的解决,如何结合工程应用提升运算速度甚至将其固化于摄像机硬件中需要深化研究;厚云的去除目前还是个开放问题,本书只是在限定样本上进行了尝试,但是在不同地形地貌、不同天气条件下、不同高度下拍摄的含云图像还没有充分地开展实验,还有大量的工作要做。另外,厚云投下的阴影也可能对待侦察区域造成影响,因此如何对阴影进行检测和消除也值得研究;针对厚云去除效果的评价也非常重要,不能仅仅依赖人眼主观判断加以评定,需要一种定量的可信赖的量化评估手段,本书设计的基于联合学习的评价方法具有一定的有效性,但应用范围有限,后续考虑拓展至不同类型的云雾去除后的效果评价中。

（2）关于厚云去除修复结果可信度的分析。如前所述,图像去云属于不适定问题,无人机图像云去除与遥感图像云去除具有相似性,即填充的像素值可能存在多种解,本书方法利用了一致性的正则,所修复区域的色彩、纹理、结构接近于周边像素。当道路、水体、建筑等被云部分遮盖时,能够利用这种一致性将其恢复,而当云完全遮盖某个物体时,依靠单幅图像无法恢复。恢复的准确度随着遮盖区域面积的增加而下降。军用无人机执行任务时是围绕一定的区域巡航的,所拍摄景物具有一定的冗余性,类似于多时相信息,但不像卫星遥感图像能周期性地对特定区域做匹配度很高的成像,而是经过了随机的、难以估计的仿射变换,如何充分利用多幅无人机侦察图像提升修复的信息增益是需要解决的重点。针对问题的特殊性,我们用近似的图像样本的特征信息对待修复部分进行填充。因为在信息冗余的情形下,对图像进行检索的结果会大概率包含曾经拍摄的地区,构成了可利用的类似多时相信息。为此我们设计了第 6 章所述的两阶段去云网络,利用一阶段的修复处理恢复一致性,用以检索类似的图像,将它们通过注意力机制消除无人机飞行带来的随机仿射变换的影响,最后再用二阶段的修复将这些信息增益填充到被修复区域中。通过仿真掩膜和真实含云图像实验证明,采用的方法可最大限度地挖掘图像间的可用信息,在信息准确性和视觉自然性上做出了较好的权衡。实际使用中,会出现以下三种情况。第一种应用情况:虽然侦察区域图像局部有厚云遮挡,但图像库中含有其他时刻拍摄的该区域的无云图像。由于飞机姿态和位置的随机性,表现为图像间存在着随机仿射变换,该无云图像对应的内容无法直接复制到待修复对象上去。但经过仿射网络和二阶段修复,能够进行注意力对齐,并利用该图像特征进行有效地修复。在此情况下本书的修复结果是可信的,修复的效果取决于网络训练程度和算法参数选择。第二种应用情况:当侦察区域图像局部有厚云遮挡,但图像库中没有该区域的无云图像。在此情况下检索的结果只含有相似场景的图像数据,修复的效果依赖于这些场景与待修复图像的相似性,无法完全恢复原场景,但在大数据支持下可提供最佳修复解,具有一定的可信度。第三种应用情况:当拍摄的侦察区域大部分或全部被厚云覆盖,此时一阶段修复就无法完成,结果缺乏可信度。

(3)关于数据集和代码公开。目前关于本书的相关章节部分的代码正在整理中,在相关论文刊出后可以公开,数据集涉及内部信息暂不能公开,但是很多民用无人机图像库在网络上可以查询到,如大疆创新科技有限公司官网上就有相应数据供下载,后续我们会根据需要筛选出部分数据加以公开。

(4)关于下一步工作和打算。下一步的工作主要集中在技术环节的改进和优化以及增强实用性上。具体来说有以下工作:一是对算法模型进行修改和完善;二是进一步采集相关无人机图像;三是开展实用性实验验证。

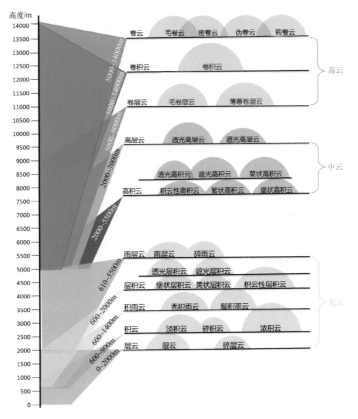

图 2.1　云的分类

(a) 不含天空区域原图

(b) MSRCR

(c) Tarel等算法

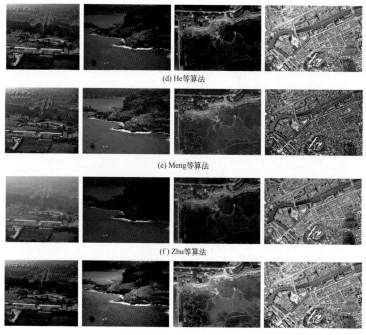

(d) He等算法

(e) Meng等算法

(f) Zhu等算法

(g) 本章算法

图5.4　不含天空区域图像去云雾对比

表6.6　去掉仿射网络前后的效果对比

（a）修复效果对比

组数	原图	加掩膜图像	保持仿射网络的结果	去掉仿射网络的结果
第1组				
第2组				
第3组				

（b）检索图像经过仿射网络前后对比

组数	检 索 图 像	经过仿射网络后的检索图像
第1组	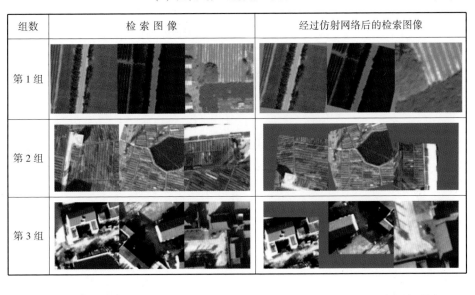	
第2组		
第3组		

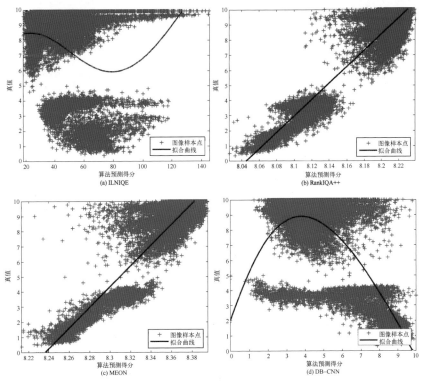

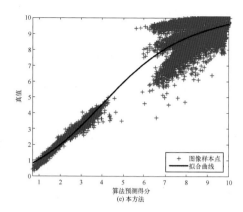

图 7.4　各方法预测值与真实值回归图

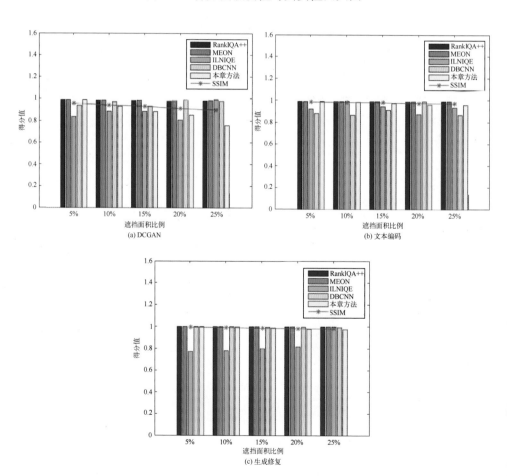

图 7.6　3 种修复方法在掩膜变化时的得分变化趋势